FORSCHUNGSBERICHT DES LANDES NORDRHEIN-WESTFALEN

Nr. 2667/Fachgruppe Maschinenbau/Verfahrenstechnik

Herausgegeben im Auftrage des Ministerpräsidenten Heinz Kühn
vom Minister für Wissenschaft und Forschung Johannes Rau

Prof. Dr.-Ing. Hans Krause
Dipl.-Ing. Jürgen Scholten

Lehrgebiet: Abnutzung der Werkstoffe
der Rhein.-Westf. Techn. Hochschule Aachen

Untersuchungen über das Wälzreibungs- und Abnutzungsverhalten von Titan und Titanlegierungen

WESTDEUTSCHER VERLAG 1977

CIP-Kurztitelaufnahme der Deutschen Bibliothek

Krause, Hans
Untersuchungen über das Wälzreibungs- und Abnutzungsverhalten von Titan und Titanlegierungen / Hans Krause; Jürgen Scholten. -
1. Aufl. - Opladen: Westdeutscher Verlag, 1977.
(Forschungsberichte des Landes Nordrhein-Westfalen; Nr. 2667 : Fachgruppe Maschinenbau/Verfahrenstechnik)
ISBN-13: 978-3-531-02667-1 e-ISBN-13: 978-3-322-88385-8
DOI: 10.1007/978-3-322-88385-8
NE: Scholten, Jürgen:

Gesamtherstellung: Westdeutscher Verlag

ISBN-13: 978-3-531-02667-1

Inhalt

1. Einleitung, Stand der Kenntnisse

Der ständig steigende Konkurrenzdruck von Flugzeug und Kraftfahrzeug zwingt besonders seit Beginn der fünfziger Jahre die Eisenbahnverwaltungen in aller Welt, sich fortwährend mit Maßnahmen zur Verbesserung des Transport- und Beförderungsangebotes zu befassen. Vorrangiges Ziel sind deutlich höhere Fahrgeschwindigkeiten im Personenreiseverkehr, gleichzeitig aber auch spürbare Anhebung der Geschwindigkeit von Güterzügen.

So wurden Anfang der sechziger Jahre allgemein Reisegeschwindigkeiten um 200 km/h für den Schienenschnellverkehr angestrebt. Als erste konnten die Japanischen Nationalen Eisenbahnen im Jahre 1964 mit der neuen Tokaido-Schnellbahn auf der 515 km langen, speziell für diesen Personenschnellverkehr erbauten und reservierten Strecke von Tokio nach Osaka eine fahrplanmäßige Höchstgeschwindigkeit von 210 km/h einführen.

In Europa befand man sich zu diesem Zeitpunkt erst in der Phase systematischer Streckenversuche für diesen Geschwindigkeitsbereich. Zwar hatte man schon seit Beginn dieses Jahrhunderts in einer Reihe von Einzelversuchsfahrten wiederholt Geschwindigkeiten von 200 km/h und mehr erreicht - z.B. in Deutschland: im Jahre 1903 bereits 210,2 km/h; Frankreich: absoluter Rekord auf Schienen mit 331 km/h im Jahre 1955 -, jedoch sind bis zum fahrplanmäßigen, tagtäglich betriebssicheren Fahren von Reisegeschwindigkeiten um 200 km/h immer noch sehr viele Detailprobleme zu lösen, die bei einzelnen Höchstgeschwindigkeitsfahrten nicht endgültig geklärt zu sein brauchen.

Größte Aufmerksamkeit schenkte man in den genannten und sich anschließenden systematischen Streckenversuchen dem Radsatz der Schienenfahrzeuge. Da er neben seiner Grundaufgabe, das Fahrzeug zu tragen, auch noch zur Übertragung der Antriebs-, Brems- und Führungskräfte dient, ist der Radsatz als ein entscheidendes Element für den sicheren Fahrzeuglauf in jedem Geschwindigkeitsbereich anzusehen. Von besonderer Bedeutung ist dabei das Profil der Radlaufflächen sowie der Werkstoff, aus dem das Rad bzw. der Radreifen hergestellt ist. Das Laufflächenprofil bestimmt gemeinsam mit dem Schienenkopfprofil bei gegebener Achsfahrmasse die zwischen Rad und Schiene wirkenden Kräfte und übt damit einen wesentlichen Einfluß auf das dynamische Verhalten des Gesamtsystems Fahrzeug/Fahrweg aus. Weiterhin wird auch die Beanspruchung der Laufflächen von der Profilform mitbestimmt.

Der Rad- bzw. Laufflächenwerkstoff soll neben hinreichenden Festigkeitseigenschaften zur Aufnahme der Betriebsbeanspruchungen vor allem ein günstiges Verschleißverhalten aufweisen. Da durch die relative Bewegung zwischen Rad und Schiene zwangsläufig Verschleiß in irgendeiner Form auftritt, soll ein geeigneter Radwerkstoff zumindest das Zurücklegen des Laufweges zwischen zwei Hauptuntersuchungen - bei Reisezugwagen 450 000 km ± 10 % - ohne Profilberichtigung ermöglichen /1/, damit keine teuren Zwischeninspektionen erforderlich sind.

Aus den Schnellfahruntersuchungen der Deutschen Bundesbahn in den sechziger Jahren für den angestrebten Geschwindigkeitsbereich von 200 km/h waren bezüglich des Radsatzes zwei wesentliche Ergebnisse zu gewinnen /2/:

1. Zur Erzielung eines gleichbleibend betriebssicheren und für den Reisenden akzeptablen Laufverhaltens der Fahrzeuge ist ein stabiles, vom zurückgelegten Laufweg unabhängiges Radlaufflächenprofil für die angestrebten Fahrgeschwindigkeiten unerläßlich. Das neuentwickelte Profil DB II, das sogenannte "Verschleißprofil", erfüllt diese Forderung. Es verschleißt im Gegensatz zu den bisher bekannten Profilformen im wesentlichen nur noch parallel zur Lauffläche. Der sonst den Laufweg vornehmlich begrenzende Spurkranzverschleiß war bei scheibengebremsten Reisezugwagen bedeutungslos geworden /1;2/. Theoretisch konnte ein Rad jetzt bis zum Erreichen des Betriebsgrenzmaßes für die Spurkranzhöhe abgefahren werden und damit Laufwege erreichen, die deutlich über dem Weg zwischen zwei Hauptinspektionen liegen.
   Damit waren also durch geeignete Ausbildung des Radlaufflächenprofiles die spurführungstechnischen Voraussetzungen für planmäßige Fahrgeschwindigkeiten von 200 km/h und mehr geschaffen.

2. Das zuerst vorgestellte, aus lauftechnischer Sicht so positive Resultat der Schnellfahruntersuchungen konnte sich zunächst allerdings nur sehr unvollständig bemerkbar machen, da das zweite für den Radsatz wesentliche Ergebnis negativ ausfiel. Der seit Jahrzehnten bei der Deutschen Bundesbahn als Radreifenwerkstoff für Reisezugwagen bewährte, unlegierte Kohlenstoffstahl BV 1 nach UIC-Kodex (σ_B = 700 bis 840 N/mm^2) war offensichtlich den gesteigerten Beanspruchungen durch die erhöhten Geschwindigkeiten nicht mehr gewachsen. Schon nach vergleichsweise geringen Laufwegen (50 000 bis 150 000 km) waren Oberflächenschäden in den Laufflächen zu verzeichnen, die ein vorzeitiges Abdrehen der Räder bzw. Radreifen erforderlich machen /2; 3; 4/ und somit nun die Laufweggrenze bestimmten.

Laufflächenschäden in Form von Wärmerissen, Aufhärtungen, Ausbröckelungen, Abblätterungen, Ermüdungsrisse usw. sind an sich eine bekannte Erscheinung und auch schon vielfach beschrieben worden /5; 6/. Sie haben jedoch bei den früheren Geschwindigkeiten nicht in größerem Umfange die Standzeit der Laufflächen bestimmt. Neben fehlerhaftem Werkstoff wurden Schäden hauptsächlich mit unzulässigen, prinzipiell vermeidbaren, betrieblichen Überbeanspruchungen erklärt /6/.

Im angestrebten Hochgeschwindigkeitsbetrieb sind die erhöhten Beanspruchungen der Laufflächen als Regelfall anzusehen, so daß zur Erreichung des Zieles neue Laufflächenwerkstoffe zu entwickeln waren.
Ein vielversprechender und zudem preisgünstiger Weg

zeichnete sich in der Laufkranzvergütung von Vollrädern ab /7/: Als Werkstoff kommt ein unlegierter Stahl mit einem Kohlenstoffgehalt von 0,45 bis 0,5 % ähnlich dem genannten BV 1 Stahl zum Einsatz. In einer gezielten Wärmebehandlung wird der besonders beanspruchte Radlaufkranz auf eine Zugfestigkeit um 1100 N/mm^2 vergütet, während in Blatt und Nabe die Werte des unbehandelten Werkstoffes, insbesondere die dort erwünschte hohe Zähigkeit, erhalten bleiben.

Die von der Deutschen Bundesbahn im Jahre 1970 zur Frage geeigneter Laufflächenwerkstoffe begonnenen, sehr umfangreichen Betriebsversuche mit schnellfahrenden Reisezugwagen /1; 8/, konnten nach mehr als dreijähriger Betriebszeit die prinzipielle Richtigkeit des eingeschlagenen Weges bestätigen. Bei scheibengebremsten Radsätzen mit vergüteten Vollrädern wurden Laufwege von mehr als 940 000 km ohne Beanstandung zurückgelegt /1/. Folglich würde die Lebensdauer der Räder wie vor Anhebung der Fahrgeschwindigkeiten vornehmlich durch den allgemeinen Verschleiß (Abrieb) bestimmt. Der frühzeitige Ausfall durch Schäden würde wieder die Ausnahme bilden, so daß allgemein hinreichende Laufwege zu erreichen wären.

Damit schienen nach den lauftechnischen nun auch die werkstofftechnischen Voraussetzungen für einen wirtschaftlichen Schienenschnellverkehr mit Geschwindigkeiten um 200 km/h geschaffen worden zu sein.
Bei näherer Betrachtung der tatsächlichen Situation zu diesem Zeitpunkt ist jedoch zu erkennen, daß dennoch das eigentliche Ziel einer deutlichen Verbesserung der Wettbewerbsfähigkeit mit anderen Verkehrsträgern noch nicht erreicht war:

- Die mit der Erhöhung der Fahrgeschwindigkeiten und teilweise gleichzeitiger Verringerung der Raddurchmesser gestiegenen Laufflächenbeanspruchungen betreffen die Schienen in gleicher Weise wie die Räder. So mußte auch dort zur Vermeidung von Schäden mit der Notwendigkeit einer Anpassung des Schienenwerkstoffes an die veränderten Betriebsbedingungen gerechnet werden /9/. Zusätzlich war zu erwarten, daß durch die angehobene Festigkeit der vergüteten Radlaufflächen in dem Reibungssystem Rad/Schiene der Verschleiß nicht vermindert, sondern lediglich zur Schiene hin verlagert würde. So treten beispielsweise in Japan bei der eingangs erwähnten Tokaido-Schnellbahn, wo laufkranzvergütete Räder im Einsatz sind, Probleme mit Verschleiß und Schäden an Schienen auf /10/.

- Die Höchstgeschwindigkeit der genannten Versuche der DB zur Frage geeigneter Laufflächenwerkstoffe lag nur bei 160 km/h. Da die wechselseitigen Laufflächenbeanspruchungen von Rad und Schiene quadratisch mit der Fahrgeschwindigkeit ansteigen, Bild 1, /11/, ist keineswegs gesichert, daß die vergüteten Vollräder sich bei Geschwindigkeiten von 200 km/h und mehr auch noch bewähren.

- In den bekanntgewordenen Untersuchungen waren nur gebremste Laufachsen von Reisezugwagen eingesetzt.

Ein neuer Werkstoff muß jedoch auch für die noch höhere Beanspruchung der Antriebsachen von Schnellfahrlokomotiven und Triebwagen geeignet sein. Somit kann man auch aus dieser Sicht die Frage nach einem geeigneten Radlaufflächenwerkstoff als noch nicht endgültig beantwortet ansehen.

- Auch die Konkurrenten Flugzeug und privater Personenkraftwagen wurden ständig weiterentwickelt. Durch forcierten Fernstraßenbau und merkliche Anhebung der Fahrgeschwindigkeiten waren vor allem für den PKW deutliche Reisezeitverkürzungen zu registrieren. Als besonders problematisch muß jedoch die der Rad/Schiene Technik zwischenzeitlich erwachsene, zusätzliche Konkurrenz in ihrem ureigenen Bereich des spurgebundenen Verkehrs bewertet werden. Neuere technologische Entwicklungen führten zu spurgebundenen Luft-/ Magnetkissenfahrzeugen, die ohne unmittelbaren Kontakt mit dem Fahrweg, über Linearmotoren angetrieben, Geschwindigkeiten bis zu 500 km/h erreichen sollen.

Diese neue Wettbewerbssituation zwang die Eisenbahnverwaltungen bereits zu einem Zeitpunkt, als die technischen Voraussetzungen für einen wirtschaftlichen Schnellverkehr auf einem Großteil des Schienennetzes mit Fahrgeschwindigkeiten um 200 km/h noch nicht ausreichend - wie gezeigt - geschaffen waren, die Zielvorstellungen zu noch deutlich höheren Geschwindigkeiten hin zu verlagern. Die Angaben schwanken zwischen 300 und 500 km/h als anzustrebender Höchstgeschwindigkeit.

Im Hinblick auf einen geeigneten Radsatz schreibt Hegenbarth dazu /11/:
"Die wechselseitige Beanspruchung der gegeneinander reagierenden Elemente Radsatz und Fahrbahn steigt mit dem Quadrat der Geschwindigkeit..... Im Oberbau wie im Radsatz steigen die Spannungen proportional mit den Beanspruchungen; d.h. doppelt so hohe Beanspruchung bringt doppelt so hohe Spannungen im Radsatz. Um die Spannungen in zulässigen Grenzen zu halten, ist das doppelte Widerstandsmoment vonnöten, wozu in konventioneller Stahlbauweise das 1,6 fache Gewicht aufzuwenden ist. Ein 20 t - Radsatz für 300 km/h müßte somit rund 2000 kg wiegen. Dadurch wiederum steigen die Beanspruchungen um das 1,6 fache, was wieder höhere Widerstandsmomente und damit höheres Gewicht verursacht usw. - ein Teufelskreis also, der nur durch radikales Absenken des Gewichts durchbrochen werden kann."

Diese Ausführungen schließen also aus, daß ein Radsatz in konventioneller Stahlbauweise jemals für diese hohen Geschwindigkeiten geeignet sein könnte. Dabei betreffen sie in ihrem ersten Teil nur die konstruktive Ausführung der Radsätze zur Aufnahme der rein mechanischen Kräfte. Auf die ebenso erforderliche Eignung als Laufflächenwerkstoff wird noch gar nicht eingegangen. Die Beanspruchung der Laufflächen von Rad und Schiene kann nämlich bei gleichem Raddurchmesser nicht durch erhöhte Widerstandsmomente, sondern einzig durch Reduzierung der Spannungen in der Berührungsfläche, also hauptsächlich durch geringere spezifische Flächenpressungen erreicht werden. Das erfordert eine Änderung der Laufflächenprofile, die aber aus den aufgezeigten spurführungstechnischen Gründen nicht zu realisieren ist. Zur Verringerung der statischen Radlasten und damit der Flächenpressungen dienen die bekannten Maßnahmen zum Leichtbau der Schienenfahrzeuge. So kann zwar in beschränktem Maße der Absolutwert, nicht jedoch der in diesem Zusammenhang entscheidendere, überproportionale Anstieg der Beanspruchungen mit zunehmender Fahrgeschwindigkeit reduziert werden. Deren eigentliche Ursache liegt nämlich in den mit steigenden Geschwindigkeiten stark anwachsenden dynamischen Radlastschwankungen. Entscheidende Bestimmungsgröße für die Radlastschwankungen sind die ungefederten Radsatzmassen.

Neben dem konstruktiv begründeten Zwang ist damit das von Hegenbarth im zweiten Teil der zitierten Ausführungen geforderte radikale Absenken der Radsatzgewichte, insbesondere zur Verminderung der Laufflächenbeanspruchungen, infolge erhöhter dynamischer Radlastschwankungen unabdingbare Voraussetzung zur Erzielung der neuerlichen Höchstgeschwindigkeiten von 300 bis 500 km/h.

Die Verringerung der ungefederten Radsatzmassen an sich ist immer schon ein Hauptanliegen der Fahrzeugingenieure gewesen, unabhängig von den neueren Schnellfahrbestrebungen. Dieser Wunsch ist erkennbar an der Entwicklung von Stahlleichträdern, Verringerung des Raddurchmessers, Verwendung hohler Achswellen und nicht zuletzt durch den Einsatz von Leichtmetallradscheiben /12; 13; 14/. Da selbst bei einem Leichtbauradsatz die Stahlbandagen (Radreifen) noch mit über 50 % am Gesamtgewicht beteiligt sind /15; 16/, ist der vielversprechendste Ansatzpunkt zu einer weiteren spürbaren Gewichtsverminderung im Einsatz eines Radreifenwerkstoffes mit geringerer Dichte als Stahl zu sehen. Dabei ist nicht an die Entwicklung grundlegend neuartiger Werkstoffe gedacht. Vielmehr sollen in erster Linie bereits heute zur Verfügung stehende Leichtmetalle auf ihre Eignung für diesen Anwendungsfall hin überprüft werden.

Zunächst müssen ausreichend hohe Festigkeitseigenschaften zur Aufnahme der durch die statischen und dynamischen Radlasten sowie der Antriebs-, Brems- und Spurführungskräfte hervorgerufenen Betriebsbeanspruchungen vorhanden sein. Andernfalls werden sich die geschilderten Laufflächenschäden trotz geringerer Radsatzmasse ebenfalls in kürzester Zeit einstellen oder gleichfalls nicht vertretbare Ausfälle wegen mangelnder Dauerfestigkeit bzw. kurzfristigem Bruch wären zu verzeichnen. Ebenso entscheidend sind die Oberflächen- bzw. Laufeigenschaften möglicher neuer Werkstoffe, damit in der Reibungspaarung mit herkömmlichen und auch zukünftigen Schienenstählen ein ausreichendes Reibungsangebot sowie hoher Verschleißwiderstand gegen den natürlichen Verschleiß durch Abrieb vorliegt. Bisher beschreibt einzig Hegenbarth /11/ Versuche zur Erprobung von Leichtmetall als Radlaufflächenwerkstoff. Dabei war eine Aluminiumlegierung mit der vergleichsweise hohen Streckgrenze von 474 N/mm^2 im Einsatz. Als Ergebnis werden höhere Reibungswerte im Vergleich zu Stahl/Stahl-Paarungen genannt. Zum Verschleißverhalten sind keine Aussagen gemacht. In dieser Hinsicht sind allerdings auch keine befriedigenden Ergebnisse für Aluminium zu erwarten, wie frühere Untersuchungen bei den verlangten Flächenpressungen zeigten /17; 18/. Ebenso kann man davon ausgehen, daß die derzeitigen Aluminiumqualitäten kaum den Festigkeitsansprüchen des Hochgeschwindigkeits-Schienenverkehrs gewachsen sein werden. Nach Aluminium bieten sich das Leichtmetall Titan und seine Legierungen als mögliche Radlaufflächenwerkstoffe an. Den einschlägigen Tabellen der Werkstoffhersteller ist zu entnehmen, daß Titanqualitäten mit sehr hohen mechanischen Festigkeitseigenschaften zur Verfügung stehen /19; 20/. Über das Reibungs- und Verschleißverhalten von Titan und Titanlegierungen können - wie bei anderen Werkstoffen auch - keine allgemeingültigen Angaben erwartet werden, da es sich nicht um spezifische Werkstoffeigenschaften handelt. Das Reibungs- und Verschleißverhalten eines Werkstoffes kann nur in Verbindung mit den speziellen Verhältnissen des jeweiligen tribologischen Systems gesehen werden, in dem der Werkstoff zum Einsatz gelangt (siehe Punkt 3.). Aufgrund einiger Orientierungsversuche wurde bereits 1968 die Erprobung von Titan als Laufflächenwerkstoff vorgeschlagen /21/. An anderer Stelle wird eine mögliche Eignung ausgeschlossen /22/. Zu diesem Zeitpunkt lagen jedoch noch keine hinreichenden Informationen über das Verhalten von Titanqualitäten unter Beanspruchungsbedingungen vor, die dem Eisenbahnbetrieb entsprechen.

Die vorliegende Arbeit hat es sich daher zum Ziel gesetzt, durch zunächst grundlegende und dann zweckgerichtete Modellversuche das Reibungs- und Verschleißverhalten von Titan und Titanlegierungen unter Wälzbeanspruchung zu untersuchen. So soll eine breitere und gesichertere Basis zur Beurteilung der möglichen Eignung als Radlaufflächenwerkstoff geschaffen werden. Erst bei positivem Ausgang der kostengünstigen Modellversuche sind die aufwendigeren, zur endgültigen Beurteilung aber erforderlichen 1:1 - Versuche zu vertreten. Darüberhinaus sind diese Untersuchungen für alle Bereiche der Technik von Interesse, wo in hochbeanspruchten Reibungssystemen Leichtmetalle zur Reduzierung von Massenkräften eingesetzt werden sollen.

2. Vorteile und Nachteile beim Einsatz von Titanwerkstoffen

Die folgende Darstellung der Vorteile und Nachteile beim Einsatz von Titanwerkstoffen als Radreifenmaterial anstelle bisher üblicher oder auch neuentwickelter Stähle beruht auf theoretischen Überlegungen anhand der physikalischen Eigenschaften sowie entsprechender Hinweise aus der anwendungstechnischen Praxis und der Literatur /19 ÷ 24/.

Vorteile sind im wesentlichen aufgrund der mechanischen Festigkeitseigenschaften, der geringeren Dichte, dem niedrigeren Elastizitätsmodul und einem besseren Federungsverhalten im Vergleich zu Stahl und außerdem aufgrund des Reibungsverhaltens zu erwarten.

Nachteilig können sich hauptsächlich die in der Literatur dargestellte Neigung von Titan zum "Fressen" bei Relativbewegungen unter hohen Flächenpressungen, die geringe

Wärmeleitfähigkeit, der höhere elektrische Widerstand, die Nichtverwendbarkeit für die heutige Signaltechnik, der höhere Bearbeitungsaufwand und schließlich der heute noch wesentlich höhere Preis auswirken.

1. Titanlegierungen erfüllen die in der einleitenden Darstellung der Kenntnisse als erste Voraussetzung genannte Forderung an einen Werkstoff, der an die Stelle von Stahl als Radreifenmaterial treten soll, hinreichend hohe mechanische Festigkeitseigenschaften aufzuweisen. So werden für die Streckgrenze (0,2 Grenze) Werte bis 1000 N/mm^2 bereits im geglühten Zustand garantiert. Im ausgehärteten Zustand - dies sei hier im Hinblick auf eine analog zu Stahl denkbare Laufkranzvergütung ebenfalls genannt - erreichen einige Legierungen Festigkeitswerte an der Streckgrenze bis zu 1300 N/mm^2. Für die Zugfestigkeit sind Werte bis zu 1500 N/mm^2 zu finden. Die hochfesten Legierungen erreichen im geglühten Zustand immerhin Bruchdehnungswerte von 10 %, im ausgehärteten Zustand verbleiben 4 %.

2. Die um ca 40 % geringere Dichte von Titan im Vergleich zu Stahl führt unmittelbar zu spürbar kleineren Radsatzmassen. Ein einzelnes gewalztes Vollrad für den Radsatz Bauart 88, Regelradsatz für Güterwagen, würde bei einem Laufkreisdurchmesser von 1000 mm statt bisher 436 kg in der Stahlausführung /16/ in einer Volltitanausführung nur noch ca 250 kg wiegen, also um mehr als 42 % leichter werden. Ersetzt man bei einem Radsatz für die neueren Reisezugwagen, Radsatzbauart 94, Laufkreisdurchmesser 950 mm, nur die beiden Stahlradreifen durch Titanradreifen und beläßt die Radscheiben, Naben und auch die Achswelle in der bisherigen Stahlbauweise, ist immerhin noch eine Gewichtsreduzierung um ca 170 kg oder ca 20 % zu erreichen.

   Diese einfachen Beispiele lassen erkennen, daß der Spielraum zur Reduzierung der ungefederten Radsatzmassen durch den Einsatz von Titanwerkstoffen recht erheblich ist. Die damit verbundene Abnahme der dynamischen Lastschwankungen hat die verlangte deutliche Verringerung der Laufflächenbeanspruchung von Rad und Schiene zur Folge.

3. Der Elastizitätsmodul von Titanwerkstoffen ist mit Werten zwischen 10,5 und 11,5 $\cdot$ 10^4 N/mm^2 kaum mehr als halb so groß wie der von Stahl. Die Querkontraktionszahl ist für beide Werkstoffgruppen nahezu identisch. Im praktischen Eisenbahnbetrieb wird sich der Unterschied im Elastizitätsmodul folgendermaßen äußern können: Bei gleicher Achslast ist die maximale Flächenpressung (nach Hertz) zwischen Rad und Schiene bei einer Titan/Stahl-Paarung um 20 % geringer als bei der herkömmlichen Kombination Stahl/Stahl, da der geringere Elastizitätsmodul von Titan zu einer vergrößerten Radaufstandsfläche führt. Bei dynamischen Lastschwankungen wird deshalb ein unempfindlicheres Verhalten der Titan/Stahl-Paarung erwartet.

4. Das bessere Federungsverhalten ist an dem Quotienten aus der Spannung an der Streckgrenze σ_s und dem Elastizitätsmodul E zu erkennen. Dieser sogenannte Federungsfaktor muß im Hinblick auf die erforderliche Festigkeit zur Aufnahme der Betriebsbeanspruchungen betrachtet werden, wenn man Werkstoffe unterschiedlicher Dichte und Elastizitätsmoduln miteinander vergleicht. Eine Gegenüberstellung allein der Streckgrenze σ_s, der Zugfestigkeit σ_B oder auch des Streckgrenzenverhältnisses σ_s/σ_B (s. Tabelle 3, Seite 21) würde hier Fehldeutungen ermöglichen, da die von gleichen Kräften in gleichen Bauteilen hervorgerufenen Spannungen abhängig von Elastizitätsmodul, bei Titan also kleiner als bei Stahl sind.
   Die Zahlenwerte (Tabelle 3) lassen erkennen, daß Titan bis zu dreimal soviel elastisch gedehnt werden kann wie zum Beispiel der heutige Standardstahl für Treibräder (M 80), bevor plastisches Fließen und damit bleibende Verformung eintritt.
   Im Hinblick auf das Verschleißverhalten könnte sich der Einsatz von Titanwerkstoffen aufgrund der bisher dargelegten Vorteile mehrfach positiv auswirken. Die Abnahme der dynamischen Radlastschwankungen (Stoßfaktor) und die gleichzeitig kleineren Flächenpressungen bei gleicher Achslast führen jeweils zu geringeren Beanspruchungen der Rad- und Schienenlaufflächen. Aufgrund der hohen Festigkeitseigenschaften und des daraus resultierenden guten Federungsverhaltens werden Lastspannungen vermehrt durch elastische statt plastische Verformungen, die erste Voraussetzung für Verschleiß sind, aufgenommen. Damit ist auch ein hoher Widerstand gegen das Auftreten der beschriebenen Laufflächenschäden zu erwarten.
   Insgesamt könnten Titanwerkstoffe also zu einer erheblich längeren Konstanz der Radreifenprofile beitragen, die neben der allgemeinen Ersparnis an Fahrzeugunterhaltskosten besonders für die Spurführung bei hohen Geschwindigkeiten von größtem Interesse, ja sogar Voraussetzung ist (s.o.).

5. Auch für das Reibungsverhalten sind Vorteile aufgrund der bisher diskutierten physikalischen Eigenschaften von Titanwerkstoffen zu erwarten.
   Die Erfahrungen des praktischen Eisenbahnbetriebes lehren, daß die verfügbare Zugkraft mit steigender Fahrgeschwindigkeit abnimmt /25; 26/. Eine der bekanntesten Darstellungen dieses Zusammenhanges dürfte die von Curtius/Kniffler sein, <u>Bild 2</u> /27/, die in der Literatur zu findenden Angaben zeigen jedoch große Streuungen in den Absolutwerten. Die Abnahme der Zugkraft, die sich als Produkt aus dem (Reibungs-) Gewicht beispielsweise einer Lokomotive und dem zwischen den Treibrädern und Schienen herrschenden Reibungszustand - ausgedrückt durch die Reibungszahl μ - ergibt, soll Folge des Abfalls dieser Reibungszahl mit steigender Fahrgeschwindigkeit sein. Vielfach wurde daher auch die Ansicht vertreten, daß eine nicht ausreichende Reibungszahl zwischen Rad und Schiene eine Begrenzung der erzielbaren Höchstgeschwindigkeit für Schienenfahrzeuge darstellt. Hier muß jedoch unterschieden werden, daß die tatsächlich nutzbare

Reibungszahl nicht allein eine Funktion der Geschwindigkeit, sondern auch einer Reihe anderer Einflußfaktoren ist. Ihr Absolutbetrag kann zum Beispiel durch geeignete konstruktive Maßnahmen (Achsanlenkung eines Radsatzes im Drehgestell) deutlich beeinflußt werden /28; 29/. Man muß also unterscheiden zwischen der "physikalisch möglichen" Reibungszahl und deren praktisch nutzbaren Anteil. Die Abnahme dürfte vornehmlich auf die mit wachsender Fahrgeschwindigkeit veränderten Kontaktbedingungen und auf die dynamischen Radlastschwankungen zurückzuführen sein.

Ziel verschiedener Modellversuche war und ist die Klärung des genauen physikalischen Zusammenhanges zwischen Reibungszahl- bzw. Kraftschlußangebot und der Fahrgeschwindigkeit. Unter den idealen Bedingungen eines Wälzprüfstandes registrierte man eher einen leichten Anstieg als Abfall der Reibungszahl mit steigender Umfangsgeschwindigkeit, zumindest jedoch konstante Maximalwerte /30/. In anderen Untersuchungen wurde festgestellt, daß eine deutliche Abnahme der Tangential- bzw. Reibungskraft mit Zunahme von Frequenz und Amplitude der dynamischen Normalkraftschwankungen auftritt /31; 32; 33/.

Im praktischen Eisenbahnbetrieb steigt die Frequenz der Radlastschwankungen mit der Fahrgeschwindigkeit an, die Amplitude ist neben der statischen Achslast im wesentlichen eine Funktion der ungefederten Radsatzmassen.
Die Abnahme der Reibungskraft dürfte bei Einsatz von Titan wegen der geschilderten geringeren dynamischen Lastschwankungen selbst und gleichzeitig auch wegen der geringeren Empfindlichkeit diesen gegenüber bei höheren Geschwindigkeiten deutlich eingeschränkt werden, so daß insgesamt höhere nutzbare Antriebskräfte zu erwarten sind.

Abschließend zu den positiv zu erwartenden Auswirkungen bei Einsatz von Titanwerkstoffen sei noch vermerkt, daß die geringeren Radsatzmassen zu einer Erhöhung der Grenzgeschwindigkeit beiträgt. Unter Grenzgeschwindigkeit versteht man die überhaupt erzielbare höchste Fahrgeschwindigkeit in der Geraden. Sie wird begrenzt durch den stabilen Radsatzlauf und soll unter Ausnutzung aller bisher bekannter konstruktiver Maßnahmen über 400 km/h erreichen /34/.

6. Die Neigung von Titanwerkstoffen zum Fressen bei hohen Flächenpressungen ist im wesentlichen bei Beanspruchung durch Gleitreibung, meist an Schraubenverbindungen, beobachtet worden /35; 36/. Erklärbar ist diese Erscheinung damit, daß die Gesamtbeanspruchung in Gleitreibungssystemen bei gleicher Flächenpressung immer höher ist als bei Wälzbeanspruchung unter sonst gleichen Bedingungen, da sich zumindest die Kontaktfläche des einen Körpers immer im Eingriff mit der Oberfläche des Gegenkörpers befindet. Bei Wälzreibungssystemen hat jedes Oberflächenelement pro Umdrehung nur einmal kurzfristig Kontakt mit dem Gegenkörper.
Jedoch sind vereinzelt auch Freßerscheinungen bei Wälzreibungsversuchen unter hohem Schlupf (24 %) bei gleich-

zeitiger Schmierung im Hinblick auf den Einsatz von Titan als Zahnradwerkstoff bekannt geworden /37/. Zwar lassen sich solch extreme Schlupfwerte an Schienenfahrzeugrädern durch Zusatzeinrichtungen vermeiden /38/, dennoch sollen diese extremen Verschleißformen bei einer Beurteilung der Eignung von Titanwerkstoffen als Radlaufflächenmaterial Berücksichtigung finden.

7. Die geringere Wärmeleitfähigkeit von Titan im Vergleich zu unlegiertem Kohlenstoffstahl (je nach Legierung 1/3 bis 1/7) ist aus bisheriger Sicht besonders im Hinblick auf die Bremsbeanspruchung und die notwendige Abfuhr der dabei erzeugten Reibungswärme zu beachten gewesen /15; 22/. Für Hochgeschwindigkeitsschienenfahrzeuge dürfte jedoch nur noch der Einsatz von Scheibenbremsen zu erwarten sein.
Klotzbremsen, denen die Radlauffläche gleichfalls als Bremstrommel dient, stehen nur noch im Sinne von "Putzbremsen" zur Regenerierung der Laufflächen - Entfernung geringfügiger Beschädigungen, Risse u.ä. durch gezielten Laufflächenverschleiß - zur Diskussion.
Die Frage der Wärmeleitfähigkeit ist daher für den hier vorgesehenen ersten Abschnitt der Eignungsprüfung von untergeordneter Bedeutung.

8. Über die Höhe des elektrischen Widerstandes, den ein Radreifen haben darf, liegen keine zahlenmäßigen Angaben vor. Eine Abschätzung, ob sich der je nach Legierungstyp zwischen 4 und 16mal höhere Widerstand als unlegierter Kohlenstoffstahl auf den praktischen Fahrbetrieb auswirken wird, ist daher nicht möglich.

9. Ein Leichtmetallradreifen ist bei der heutigen Signaltechnik überwiegend wegen des paramagnetischen Verhaltens nicht verwendbar. Da andererseits für einen Hochgeschwindigkeits-Schienenschnellverkehr in jedem Falle eine neue Signaltechnik zu entwickeln ist, könnte dabei auf den veränderten Radreifenwerkstoff Rücksicht genommen werden.

10. Höhere Kosten bei der Bearbeitung, vor allem aber der im Vergleich zu Stahl sehr hohe Preis von Titan läßt den Einsatz als Radreifenmaterial zunächst unwirtschaftlich erscheinen.
Die Rentabilität wird jedoch erst dann in einer detaillierten Kosten/Nutzen-Analyse festzustellen sein, wenn die erste grundlegende Frage nach dem Reibungs- und Verschleißverhalten von Titanwerkstoffen bei einer dem Originalsystem vergleichbaren Wälzbeanspruchung positiv beantwortet werden kann.

3. Allgemeines zur Verschleißtechnik

Die Vielfältigkeit, mit der sich "Verschleiß" in allen Bereichen der Technik zeigt, hat bis heute zu einer nahezu unüberschaubaren Anzahl von Verschleißuntersuchungen geführt /39/.
Diese beschäftigen sich fast ausschließlich mit Einzelproblemen und haben dementsprechend auch immer nur die jeweils relevanten Parameter betrachtet und eine dem Problem angepaßte Bezeichnungsweise entwickelt.
Bereits in der im November 1953 vom Deutschen Normenausschuß zum Problem Verschleiß herausgegebenen Vornorm DIN 50320 /40/ ist auf die dadurch verursachten nachteiligen Folgen hingewiesen:
"Die zahlreichen praktischen und wissenschaftlichen Arbeiten auf dem Verschleißgebiet lassen sich bisher mangels einheitlicher Grundlagen nicht miteinander vergleichen. Dadurch wird der Fortschritt auf dem technisch und wirtschaftlich bedeutungsvollen Gebiet der Verschleißbekämpfung erheblich verlangsamt."

Diese inzwischen über 20 Jahre bestehende Vornorm entspricht jedoch nicht mehr dem durch die rapide Weiterentwicklung der Verschleißtechnik heute erheblich erweiterten Kenntnisstand.
Daher sind besonders seit Anfang 1974 im Rahmen des Fachnormenausschusses Materialprüfung (FNM) im DIN Deutsches Institut für Normung e.V. verstärkte Bestrebungen zur Erstellung einer neueren Norm für den Gesamtkomplex Verschleiß (DIN 50320) zu verzeichnen. Unter Berücksichtigung wesentlicher Erkenntnisse der letzten Jahre soll damit für die Zukunft eine einheitliche Bezeichnung und vergleichbare Darstellungen im Bereich der Verschleißtechnik ermöglicht werden.
Da diese Arbeiten augenblicklich noch nicht abgeschlossen sind, soll an dieser Stelle auf einige, der Literatur zu entnehmende Bestrebungen im Bereich der Verschleißtechnik hingewiesen werden.

- Als Oberbegriff für das Gesamtgebiet Reibung - Verschleiß - Schmierung setzt sich der künstlich geschaffene Begriff "Tribologie" weltweit immer stärker durch. Originaldefinition: Tribologie - the science and technology of interacting surfaces in relative motion and the practices thereto /41/.

- Mit Hilfe der Methoden der Systemanalyse wird vielfach versucht, das komplexe Gebiet der Verschleißtechnik in ein übersichtliches Schema zu bringen /z.B. 42; 43/. Damit will man auch der sicherlich grundlegendsten Erkenntnis gerecht werden, daß "Verschleiß" von Werkstoffen nicht als Werkstoffeigenschaften, sondern als Eigenschaften eines komplexen "tribologischen Systems" zu begreifen sind.

Da unabhängig von der Problematik und sicherlich auch der bereichsweisen Unzulänglichkeit eine solche Systembetrachtung das Einordnen und Analysieren einzelner Verschleißfälle sicherlich erleichtert, soll der Grundgedanke kurz skizziert sein:

In Bild 3 ist das Prinzip der Systemanalyse zu erkennen. Grundsätzlich erfolgt eine Aufteilung in die drei Hauptgruppen "Beanspruchungskollektiv", "Struktur des Tribosystems" und "Verschleißkenngrößen".
Am Beispiel des Schneckengetriebes wird gezeigt, daß im ersten Schritt der Analyse zunächst die jeweils vom tribologischen Standpunkt aus interessierenden Teile mittels einer "Systemeinhüllenden" gedanklich von den übrigen zu trennen sind. Die Prinzipdarstellung in der rechten Hälfte von Bild 3 läßt erkennen, daß ein Tribosystem im allgemeinen Fall aus vier Elementen besteht. Diese bilden zusammen mit ihren tribologisch relevanten "Eigenschaften" sowie ihren "Wechselwirkungen" die "Struktur des Tribosystems".
Das "Beanspruchungskollektiv" wirkt von außen auf die Elemente des Tribosystems ein. Der dadurch hervorgerufene Verschleiß wird mit Hilfe von "Verschleißkenngrößen" erfaßt. Eine noch sehr weitgehende Detaillierung der einzelnen Unterpunkte ermöglicht eine präzise Beschreibung jedes denkbaren Verschleißvorganges. Da ausführliche Beschreibungen bereits an anderer Stelle gegeben sind /43/, soll hier noch erwähnt sein, daß zu den Wechselwirkungen der Elemente eines Tribosystems der "Kontaktzustand", der "Reibungszustand" sowie die "Verschleißmechanismen" zu rechnen sind.

Abschließend folgen in Anlehnung an die Arbeiten des o. g. Normenausschusses Definitionen einiger wesentlicher Begriffe aus der Verschleißtechnik, wie sie in den weiteren Ausführungen verstanden werden:

Verschleiß: Der Vorgang eines unerwünschten fortschreitenden Materialverlustes aus der Oberflächenschicht eines festen Körpers infolge tribologischer Beanspruchungen.
Tribologische Beanspruchungen entstehen durch Kontakt und Relativbewegung der Oberfläche eines festen Körpers, genannt Grundkörper, mit einem festen, flüssigen oder gasförmigen Gegenkörper bzw. Gegenstoff. Verschleiß äußert sich in Form- und Stoffänderungen der tribologisch beanspruchten Oberflächenschicht sowie im Auftreten von losgelösten kleinen Teilchen (Verschleißpartikel).

Verschleißarten: Unterscheidung der Verschleißvorgänge nach Art der tribologischen Beanspruchung und der beteiligten Stoffe.

Verschleißmechanismen: Die beim Verschleiß ablaufenden physikalisch-chemischen Prozesse.

Verschleißerscheinungen: Die sich durch den Verschleiß ergebenden Veränderungen der Oberflächenschicht eines Körpers sowie die Art und Form der anfallenden Verschleißpartikel.

Verschleißbetrag: Zahlenmäßige Angaben über die Änderung der Gestalt oder Masse eines Körpers durch Verschleiß.

Adhäsion: Ausbildung von Grenzflächen-Haftverbindungen (Kaltverschweißungen) durch Wirkung molekularer Haftkräfte.

Abrasion: Riefenbildung durch ritzende Beanspruchung (Mikrozerspanungsprozeß).

Oberflächenzerrüttung: Rißbildung in Oberflächenbereichen durch sich nach Betrag oder Richtung ändernde, wechselnde Spannungen bzw. Verformungen.

Tribochemische Reaktionen: Entstehung von Reaktionsprodukten durch die kombinierte Wirkung von tribologischer Beanspruchung zwischen Grundkörper und Gegenkörper infolge chemischer Reaktion mit dem Umgebungsmedium.

Diese Verschleißmechanismen können sowohl einzeln als auch in den verschiedensten Kombinationen gleichzeitig auftreten.

4. Beschreibung der Modellversuche

Zur Überprüfung, inwieweit Titan und Titanlegierungen die einleitend genannten Forderungen an einen Werkstoff erfüllen, der die herkömmlichen Stahlqualitäten als Radreifenmaterial ablösen könnte, wurden Verschleiß- und Reibungsuntersuchungen unter Einsatz von Wälzreibungsprüfmaschinen durchgeführt.

4.1. Die Prüfmaschinen

Das Kernstück der beiden eingesetzten Prüfmaschinen bilden zwei unter genau definierten Bedingungen aufeinander abwälzende zylindrische Prüfkörper mit ca 50 mm Durchmesser. Diese bilden hier das Rad/Schiene-System nach. Allgemein kann die Beanspruchung der Laufflächen durch Variation der Parameter Flächenpressung, Schlupf, Drehzahl und Umgebungsbedingungen der jeweiligen Aufgabenstellung angepaßt werden.

Die prinzipiellen Kraft- und Bewegungsverhältnisse zeigt Bild 4. In der Tabelle 1 sind die einstellbaren Versuchsparameter für beide Maschinen angegeben.

Die ältere Maschine, Fabrikat Amsler /44/, in dieser Bauart seit ca 50 Jahren bekannt, ist ein Verspannungsprüfstand, Bild 5 /45/. Die Prüfkörper werden von einem einzigen Motor über Zahnradgetriebe zwangsweise angetrieben. Der Schlupf kann durch Auswechseln von Zahnradpaarungen im Bereich von 0 bis 100 % abgestuft werden.
Die zweite Maschine, Bauart Bugarcic /45/, wurde 1964 zur Erzielung eines im Vergleich zur Amsler-Maschine deutlich verbesserten Laufverhaltens in Betrieb genommen. Dem Prinzip des offenen Leistungskreislaufes entsprechend, treiben hier zwei Elektromotore die Prüfkörper getrennt an, was eine gegenseitige Beeinflussung der Antriebszweige durch Reibungsschwingungen verhindert, Bild 6 /46/. Neben der Möglichkeit, Prüfkörperdrehzahl und Schlupf mit einer Genauigkeit von 0,01 % einstellen zu können, müssen als weitere deutliche Verbesserungen die stufenlose Schlupfverstellung von 0 bis 1,0 % sowie die automatische Schlupfmodulation zur weitgehenden Vermeidung von Riffeln genannt werden /46/.

Tabelle 1: Einstellbare Versuchsparameter

Parameter	Symbol	Einheit	Bauart der Wälzreibungsprüfmaschine: Amsler	Bugarcic
1. Normalkraft	F_N	N	100 ÷ 700	100 ÷ 700
2. Prüfkörperdurchmesser	d	mm	48 ÷ 52	48 ÷ 52
3. Prüfkörperbreite	b	mm	5 ÷ 15	5 ÷ 15
4. Prüfkörperdrehzahl	n_b	min^{-1}	200; 400	200; 300
5. Schlupf	s	%	0 ÷ 100 in Stufen	0 ÷ 1,0 stufenlos
6. Schlupfmodulation				
- Amplitude	Δ_s	%	-	0,05 ÷ 0,2
- Frequenz	$f_{\Delta s}$	min^{-1}	-	0,25 ÷ 1,0
7. Umgebungsbedingungen				
- Wasserdampfpartialdruck (= rel. Luftfeuchtigkeit)	P_D	Pa	80 ÷ 4000	80 ÷ 4000
- Sonstige			beliebige technische Gase	

Bei beiden Maschinen dienen Gewichte zur Erzeugung der statischen Normalkraft F_N. Ebenso sind in beiden Fällen die Prüfkörper von einer Klimakammer umgeben, die Untersuchungen bei definierten Umgebungsmedien ermöglicht. Dies soll hier besonders betont sein, da Verschleißuntersuchungen allgemein in dem Ruf stehen, ein breites Streufeld der Ergebnisse zu liefern. Oft ist dies jedoch auf eine nicht genügende Beachtung so wichtiger Größen wie der relativen Luftfeuchtigkeit des Umgebungsmediums zurückzuführen. Deren Bedeutung für Verschleiß- und Reibungsuntersuchungen bei Wälzbeanspruchung ist an den hier vorzustellenden Ergebnissen erkennbar.

Neben der Vorgabe der in Tabelle 1 aufgelisteten Versuchsparameter erfolgt an beiden Maschinen eine Drehmomentmessung (Amsler-Maschine: mechanisch über Zahndruckwaage; Bugarcic-Maschine: elektrisch über Drehmomentmeßwelle, Trägerfrequenzmeßverstärker und Linienschreiber) im antreibenden Wellenstrang zur Bestimmung der Reibungszahl µ:

$$\mu = \frac{F_T}{F_N} \quad ; \quad F_T = \frac{2\,M_R}{d}$$

$$\mu = \frac{2\,M_R}{d\,F_N}$$

Darin bedeuten F_T die Tangentialkraft (Reibungskraft), F_N die über Gewichte aufgebrachte statische Normalkraft, d der Durchmesser der Prüfrolle und M_R das gemessene Reibungsmoment.

4.2. Meßgeräte, Durchführung der Messungen

Zur weiteren Auswertung und Interpretation dienen die nachfolgend kurz beschriebenen Meßgeräte.

Der Verschleiß der beiden Prüfrollen wird über Messung des Gewichtsverlustes durch Wiegen vor und nach dem Versuch bestimmt. Eingesetzt ist eine Analysenwaage der Firma Mettler. Sie steht nahezu schwingungsfrei auf einem schweren Marmortisch; damit lassen sich Gewichte bis zu einer Genauigkeit von 10^{-4} g messen. Vor jeder Messung wird die Waage mittels einer Lichtanzeige auf Null eingestellt. Das Ergebnis der Messung ist ein aus mehreren Einzelmessungen gebildeter Mittelwert. Angegeben als Verschleißmaß ist entweder der unmittelbare Gewichtsverlust oder die Abnahme des Prüfkörperradius ΔR. Nähere Ausführungen sind unter Punkt 6.1.3. zu finden.

Die Verschleißpartikel werden während des Versuches in einer sich unter den Prüfrollen befindlichen Glasschale gesammelt, um sie anschließend auf ihre qualitative und quantitative Zusammensetzung hin untersuchen zu können. Die Analyse erfolgt mittels einer Anlage für Röntgenfeinstrukturuntersuchungen nach dem Debye-Scherrer-Verfahren. Zur Verfügung steht ein Gerät der Firma Philips mit der Typenbezeichnung "Mikro 111".

Zur Bestimmung der physikalischen Eigenschaften der Wälzkörperlaufflächen dienen Messungen der Rauheit und der Härte. Die Rauheitsmessungen erfolgen mittels eines elektronischen Tastschnittgerätes gemäß DIN 4768. Das "Perthometer" der Firma Perthen, Hannover, bietet durch die Vielzahl der freiwählbaren Parameter (Rauheitsmaß, Meßstrecke, Vergrößerung, Cut-off des Wellentrenners) optimale Anpaßmöglichkeiten an die spezifischen Meßaufgaben. Die Meßkette besteht aus einem Meßaufnehmer des Typs HT 6/250, Meßbereich 250 µm. Hier betrug die Meßstrecke immer 5 mm; angegeben ist immer der Mittelwert aus mindestens vier Einzelmessungen an verschiedenen Stellen der Laufflächen. Die Meßrichtung war immer parallel der Achsrichtung, in Umfangsrichtung waren keine Messungen möglich.

Zur Bestimmung der Vickers Härte HV der Laufflächen steht ein Kleinlasthärteprüfer der Firma Leitz, Wetzlar, zur Verfügung. Die Prüflast des Meßdiamanten kann man zwischen 15 g und 2000 g variieren. Hier wurden die Messungen mit 300 g und mit 500 g Prüflast ausgeführt. Der angegebene Härtewert ist ein Mittelwert aus mindestens vier Einzelmessungen.

Die Grenzschichteigenschaften werden anhand von metallographischen Schliffen durch die beanspruchten Zonen und über Eigenspannungs- und Texturmessungen erfaßt. Unter Grenzschicht sind dabei die Lauffläche und die sich anschließenden Werkstoffschichten zu verstehen.

Durch geeignete Lichtmikroskope können in den metallographischen Schliffen Verformungen, Gefügeveränderungen, Rißbildung etc. erkannt werden; außerdem dienen Härtemessungen senkrecht zur Lauffläche der Bestimmung der Kaltverfestigung sowie des Verfestigungsgradienten. Textur- und Eigenspannungsmessungen sind hier nur der Vollständigkeit halber mitaufgeführt. Sie waren Gegenstand parallel laufender Forschungsarbeiten auf dem Gebiet der Röntgenfeinstrukturanalyse /47, 48/, Messungen an Titanwerkstoffen waren noch nicht möglich. Meßprinzip und erste Ergebnisse für Stahlwerkstoffe sowie Kupfer sind an anderer Stelle beschrieben /49 ÷ 53/.

4.3. Versuchswerkstoffe

Bei den vorliegenden Untersuchungen kamen insgesamt neun Werkstoffe zum Einsatz, vier allgemein im Handel erhältliche Titanqualitäten, vier bei der Deutschen Bundesbahn eingesetzte Radreifen- bzw. Schienenstähle sowie ein allgemeiner Baustahl als Vergleichswerkstoff. Die chemischen Zusammensetzungen und die wesentlichen mechanischen Eigenschaften sind den nachfolgenden Tabellen 2 und 3 zu entnehmen. Die Bilder 7 bis 15 zeigen die Ausgangsgefüge vor der Beanspruchung durch Wälzreibung.

4.3.1. Die Titanqualitäten

Mit Ti 1 und Ti 4 sind zwei Reintitansorten mit unterschiedlichen Reinheitsgraden und Festigkeitseigenschaften bezeichnet. Als übliche Einsatzbereiche sollen die chemische Industrie (Behälterbau) und der Flugzeugbau genannt sein.

Ti 2 kennzeichnet die Titanlegierung des α-Typs (TiAlSn 2,5). Sie besitzt mittlere Festigkeit und ist gut schweißbar.

Ti 3 steht als Kurzform für die Standard-Titanlegierung TiAl 6 V 4. Sie weist eine α + β-Struktur auf. Mittlere Festigkeit, Aushärtbarkeit, gute thermische Stabilität sowie eine hohe Dauerfestigkeit sind weitere Kennzeichen. Beide Legierungen finden Einsatz sowohl im Flugzeug- und Raumfahrtbau als auch im konventionellen Motoren-, Maschinen- sowie im Meßgerätebau.

4.3.2. Die Stahlwerkstoffe

M80 und VR sind bei der Deutschen Bundesbahn eingesetzte Radreifenstähle gemäß den Richtlinien des Internationalen Eisenbahnverbandes (UIC - Kodex 810-1 V und 853-1 V).
Der Werkstoff VR entspricht dem Stahl BV 2 mit einer Zugfestigkeit zwischen 700 und 840 N/mm^2; M80 ist als der heutige Standardwerkstoff für Treibräder anzusehen, Zugfestigkeit im Bereich von 850 bis 920 N/mm^2.
Mit SA 1 wird hier ein Schienenstahl der Regelgüte, Zugfestigkeit zwischen 700 und 850 N/mm^2, mit VA ein Schienenstahl der verschleißfesten Güte A, Mindestzugfestigkeit 900 N/mm^2, gemäß UIC-Kodex 860 V bezeichnet.
Der unlegierte Kohlenstoffstahl Ck 45 ist ein allgemeiner Baustahl nach DIN 17200. Er dient als Vergleichswerkstoff, da er einmal als ein weitverbreiteter Standardwerkstoff gilt und zum anderen bereits umfassende Untersuchungen über sein Verhalten bei Wälzbeanspruchung vorliegen /46/. Außerdem ist er nahezu identisch mit dem Radreifenwerkstoff BV 1.

Tabelle 2: Chemische Zusammensetzung der Versuchswerkstoffe

Versuchs-bezeichnung der Werkstoffe	C	Si	Mn	P	S	Fe	O_2 max	H_2 max	N_2 max	Al	V	Sn	Ti
Ti 1	,08	-	-	-	-	,2	,10	,013	,05	-	-	-	Rest
Ti 2	,08	-	-	-	-	,25	,20	,013	,07	4 ÷ 6	-	1,5÷3	Rest
Ti 3	,08	-	-	-	-	,25	,20	,013	,07	5,5÷7	3,5÷4,5	-	Rest
Ti 4	,10	-	-	-	-	,30	,25	,013	,06	-	-	-	Rest
VR	,48	,34	,88	,02	,022	Rest	-	-	,005	-	,10	-	-
480	,68	,38	,67	,03	,03	Rest	-	-	-	-	-	-	-
VA	,63	,29	1,0	,015	,028	Rest	-	-	-	,012	-	,016	-
SA 1	,54	,54	1,07	,047	,020	Rest	-	-	,012	-	-	-	-
Ck 45	,44	,27	,61	,03	,016	Rest	,002	-	,005	,025	,02	-	-

Tabelle 3: Mechanische Eigenschaften der Versuchswerkstoffe

Versuchsbezeichnung der Werkstoffe	Dichte $[g/cm^3]$	Elastizitätsmodul E $[N/mm^2]$	Zugfestigkeit $\sigma_B [N/mm^2]$	Streckgrenze σ_s $[N/mm^2]$	Bruchdehnung δ_5 [%]	Brucheinschnürung Ψ [%]	Streckgrenzenverhältnis σ_s/σ_B [-]	Federungsfaktor σ_s/E [-]
Ti 1	4,51	105	364 [1]	297 [1]	49,4 [1]	78 [1]	0,816	1,72
Ti 2	4,48	112	800	750	10	15	0,938	6,7
Ti 3	4,43	116	900	840	10	25	0,933	7,24
Ti 4	4,51	105	547 [1]	386 [1]	23,5 [1]	47 [1]	0,706	3,68
VR	7,82	212	810 [1]	492 [1]	20 [1]	44 [1]	0,607	2,32
M80	7,82	212	876 [1]	445 [1]	10 [1]	12,5 [1]	0,508	2,1
VA	7,82	212	935 [1]	522 [1]	15 [1]	25 [1]	0,558	2,46
SA 1	7,82	212	800 [1]	460 [1]	16 [1]	33 [1]	0,575	2,17
Ck 45	7,82	212	587 [1]	302 [1]	23,8 [1]	45 [1]	0,514	1,42

[1] kennzeichnet gemessene Werte, alle anderen sind Soll- bzw. Minimalwerte

4.4. Versuchsdurchführung

Die Versuche wurden hauptsächlich mit dem Wälzprüfstand "Bauart Bugarcic" durchgeführt, da dieser im Vergleich zum Prüfstand "Bauart Amsler" wesentlich besser reproduzierbare Werte liefert. Alle Ergebnisse der Verschleißversuche sowie der Reibungsmessungen sind Mittelwerte aus mindestens zwei Einzelversuchen, deren Ergebnisse um nicht mehr als 10 % voneinander abwichen.

Der Prüfkörperdurchmesser betrug zwischen 50 und 52 mm. Das Durchmesserverhältnis vom bremsenden (Schiene) zum treibenden Prüfkörper (Rad) betrug immer 1 : 1,02. Die Ausgangswälzflächen waren feingeschliffen, die arithmetischen Mittenrauhwerte Ra lagen zwischen 0,2 und 0,4 µm.

4.4.1. Prinzipielle Versuchsdurchführung

Am Beispiel des im Bild 16 wiedergegebenen Ausschnittes eines Originalmeßschriebes eines Verschleiß-Dauerversuches sei die prinzipielle Versuchsdurchführung erklärt (Ablauf von rechts nach links).

1. Vorversuch

   Vor Beginn eines jeden Hauptversuches erfolgt als "Einlaufvorgang" ein Vorversuch bei folgender Parametereinstellung:

   $s = 0{,}02\ \%$

   $F_N = 550\ N$

   $p_D = 80\ Pa$

   Die Einlaufzeit T_E beträgt einheitlich 45 Minuten. Zweck ist die Einebnung der unvermeidbaren Schleifriefen und die Schaffung immer gleicher Ausgangsoberflächen, die mit anderen Mitteln nicht in diesem Maße zu erreichen ist. Praktisch handelt es sich um ein Prägepolieren.

   Zu Beginn des Vorversuches werden die Prüfkörper sorgfältig mit Diäthyläther gereinigt, damit eine Versuchsbeeinflussung durch Verschmutzung der Laufflächen vermieden wird. Aus diesem Grunde werden die Prüfkörper während der Versuchsdurchführung auch immer nur mit Handschuhen angefaßt.
   Diese Vorgehensweise gilt auch für jede Versuchsunterbrechung zu Meßzwecken.

2. Hauptversuch

   Nach Abschluß des Vorversuches werden die Prüfkörper bei geschlossener Klimakammer entlastet. Der Versuch bleibt dann solange unterbrochen, bis sich das im Hauptversuch gewünschte Klima eingestellt hat. Dieser hier als Beispiel gewählte Verschleiß-Dauerversuch.

wird unter den Bedingungen

$s_m = 0{,}5\ \%$

$\Delta s = \pm\ 0{,}2\ \%$

$f_{\Delta s} = 0{,}25\ \text{min}^{-1}$

$F_N = 700\ \text{N}$

$p_D = 4000\ p_D$

durchgeführt. Deutlich ist in Bild 16 der durch die Schlupfmodulation hervorgerufene, sägezahnartige Verlauf der Reibungszahl zu erkennen. Diese Modulation um einen mittleren Schlupf s_m verhindert weitgehend eine unerwünschte Riffelbildung auf den Prüfkörperlaufflächen.
Vor Versuchsbeginn und nach Erreichen des jeweils vorgegebenen Laufweges werden die notwendigen Messungen (Gewicht, Härte, Rauheit etc.) durchgeführt, die das Ergebnis des Versuches darstellen bzw. zu dessen Interpretation dienen.

In der vorliegenden Arbeit sind Versuche zur Bestimmung des Verschleißverhaltens und zur Ermittlung des Reibungsverhaltens zu unterscheiden.

4.4.2. Versuche zum Verschleißverhalten

Diese Versuche sind grundsätzlich Dauerversuche über Beanspruchungszeiten zwischen 10 und 25 Stunden bzw. Laufwegen zwischen 10 und 40 km. Dabei sind Versuche mit und ohne Zwischenmessungen möglich, wobei keine nennenswerte Beeinflussung der Ergebnisse durch die Unterbrechung festzustellen war /54/.
Versuche mit Zwischenmessungen dienen zur Feststellung, wie sich der Verschleiß und die Oberflächenkenngrößen als Funktion der Beanspruchungsdauer bzw. des Laufweges darstellen. Die jeweilige Einstellung der Versuchsparameter ist in den entsprechenden Ergebnisdiagrammen im Anhang mitangegeben.

4.4.3. Versuche zum Reibungsverhalten

Diese Versuche beginnen in gleicher Weise wie die Verschleißversuche. Bei konstanten Versuchsbedingungen wird zunächst eine hinreichend lange Beanspruchung zur Ausbildung eines definierten Textur- und Eigenspannungszustandes abgewartet (10 km; 10 h), bevor die eigentlichen Reibungszahlmessungen als Funktion des Schlupfes durchgeführt werden, die in den Ergebnisdiagrammen zu finden sind. Die Angabe des Schlupfes s ($s = 0{,}5 \pm 0{,}2\ \%$) bei den Versuchsparametern besagt in diesem Falle, daß die vorausgegangene Beanspruchung bei einem mittleren Schlupf von 0,5 % und einer Schlupfmodulation von ± 0,2 % erfolgte.

Bei der Aufnahme der dreidimensionalen Reibungszahl-Schlupf-Beanspruchungsdauer-Diagramme wurden die Messungen zu jeder Stunde durchgeführt. Auch hier ist die jeweilige Einstellung der Versuchsparameter in den Ergebnisdiagrammen mitangegeben.

5. Vorgänge in der Grenzschicht bei Wälzbeanspruchung

Inzwischen gilt es als Grundlagenwissen, daß man bei Betrachtung von Reibungs-, Verschleiß- und Korrosionsvorgängen den wahren Grenzschichtaufbau der beanspruchten Körper berücksichtigen muß. Dort können die physikalischen und chemischen Eigenschaften erheblich von denen des Grundwerkstoffes abweichen. Bild 17 zeigt schematisch einen solchen Grenzschichtaufbau, wie er sich bei den hier durchgeführten Wälzreibungsversuchen einstellt /49/. Die dort gemessene Reibungszahl und der Verschleiß der Prüflinge können als die unmittelbaren Äußerungen der physikalischen und chemischen Vorgänge in den sich berührenden Laufflächen aufgefaßt werden. Die aufgrund der Relativbewegung der Prüfkörper (Schlupf) wirkende Tangentialkraft F_T ruft aufgrund der hier herrschenden hohen Flächenpressungen (zwischen 300 und 500 N/mm^2) schon nach geringen Laufwegen plastische Verformungen in den Grenzschichten hervor. Am Beispiel der Vergleichsstahlpaarung M80/VA soll in Bild 18 die mit den genannten Geräten und Einrichtungen erfaßbaren Grenzschichtvorgänge näher erläutert werden /54/:

1. Reibungszahl μ: Charakteristisch für diese Wälzreibungsversuche ist das anfängliche Maximum der Reibungszahl. Sobald nach Abschluß des Vorversuches eine Tangentialkraft auf die Laufflächen einwirkt, sind tribochemische Reaktionen festzustellen. Insbesondere bilden sich Oxidschichten auf den Laufflächen /46/. Das Maximum der Reibungszahl kennzeichnet den Zeitpunkt, an dem sich die ersten Verschleißpartikel aus der Lauffläche lösen, also der erste Abrieb eintritt. Nach einem Einlaufvorgang von einigen Kilometern stellt sich in Abhängigkeit der eingestellten Versuchsparameter eine weitgehend konstant bleibende Reibungszahl ein.

2. Verschleiß ΔR: Der Verschleiß steigt für beide Prüfkörper annähernd linear mit dem Laufweg an. Daß der Verschleiß des bremsenden Prüfkörpers (Schiene) größer als der des treibenden (Rad) ist, ist keine Systemeigenschaft des Modellversuches, sondern eine Eigenschaft der Werkstoffpaarung M80/VA.
   Als Verschleißmechanismen wirken prinzipiell Abrasion, Adhäsion und tribochemische Reaktionen, wobei die einzelnen Anteile schlupfabhängig sind. Im hier besonders interessierenden Bereich bis zu 1 % Schlupf beginnt der Verschleiß immer als reine Tribooxidation. Zunächst treten im Grenzflächenbereich Metallionen aus, die in Reaktion mit Sauerstoff aus dem Umgebungsmedium Metalloxide bilden. So erhält man zunächst eine kompakte, festhaftende Oxidschicht auf den Prüfkörperlaufflächen. Infolge Scherbeanspruchung bei gleichzeitiger Volumenvergrößerung bricht diese, wie bereits gesagt, nach einer gewissen Beanspruchungszeit auf.

Die ersten Verschleißpartikel bestehen aus 70 ÷ 80 % α-Fe_2O_3, der restliche Anteil besteht aus reinem, in Oxidteilchen eingebettetem α-Fe /57/.
Nach Erreichen eines Beharrungszustandes setzen sich die Verschleißpartikel etwa je zur Hälfte aus α-Fe_2O_3 und α-Fe zusammen, da nun neben der Tribooxidation auch adhäsive und abrasive Verschleißkomponenten wirksam sind.

3. Härte $HV_{0,5}$: Die Härte der Laufflächen steigt unmittelbar bei Einwirkung der Tangentialkraft an und strebt asymptotisch einem Endwert zu, der von der jeweiligen Werkstoffpaarung abhängt und mehr als das doppelte des Ausgangswertes betragen kann. Die prozentuale Verfestigung des bremsenden Prüfkörpers liegt im allgemeinen über der Aufhärtung des treibenden. Dies ist eine Systemeigenschaft und mit der unterschiedlichen Gesamtbeanspruchung der Prüfkörper erklärbar, siehe Bild 19 /55/.

4. Rauheit R_z: Die gemittelte Rauhtiefe R_z ist der Mittelwert aus den Einzelrauhtiefen (R_t) von fünf aufeinanderfolgenden Einzelmeßstrecken. Die hier angegebenen Werte sind die nochmals gemittelten Werte aus mindestens fünf Einzelmessungen. Vergleichbar der Härte steigt auch die Laufflächenrauheit unmittelbar bei Einwirkung der Tangentialkraft an und erreicht einen konstanten (von den Versuchsparametern abhängenden) Endwert. Die Rauheit des treibenden Prüfkröpers ist hier höher als die des bremsenden.

5. Texturparameter α: Die Wälzbeanspruchung ruft eine Kristallorientierung - also Textur - in den Grenzschichten der Prüfkörper hervor. Der Texturparameter α ist wie folgt definiert /49/:

$$\alpha = \frac{I_Ü - I_A}{I_E - I_A}$$

$I_Ü$ = die in relativer Einheit angegebene Intensität der Reflexion eines monochromatischen Strahles zum Zeitpunkt der Messung (Maß für die jeweils vorliegende Textur)
I_A = relative Intensität des Ausgangszustandes (Ausgangstextur)
I_E = relative Intensität des Endzustandes (Endtextur)

Sobald die durch den Schlupf hervorgerufene Tangentialkraft auf die Laufflächen wirkt, beginnt eine Orientierung der Kristalle in Kraftrichtung. Eine Endlage (Endtextur) wird bei den gewählten Versuchsparametern nach ca 17 km erreicht, der Texturparameter nimmt den Wert 1 an. Die weiteren Messungen ergeben eine scheinbare Abnahme des Parameters α (gestrichelte Kurve). Diese Erscheinung kann auf weitergehende Gitterverzerrungen zurückzuführen sein, die erreichte Endtextur (α = 1) bleibt dabei erhalten.

6. Druckeigenspannung σ_E: Die Eigenspannung steigt ebenso wie Härte, Rauheit und Textur unmittelbar mit dem Aufbringen der Tangentialkraft an und erreicht schließlich Werte im Größenbereich von 60 % ÷ 95 % der Streckgrenze des verwendeten Werkstoffes. Der hohe Eigenspannungszustand im Vorversuch und bei Beginn des Hauptversuches resultiert aus der Bearbeitung der Laufflächen (Schleifen) /52/.

Im Wälzreibungssystem Eisenbahnrad/Schiene treten prinzipiell die gleichen Änderungen der Grenzschicht-Zustandsgrößen auf wie in diesem Modellversuch.

6. Versuchsergebnisse

Eine Abschätzung der Eignung von Titanwerkstoffen als Laufflächenmaterial von Schienenfahrzeugrädern anhand der Laborversuche kann nur durch Vergleich mit üblichen Stahlqualitäten erfolgen, die genau den gleichen Beanspruchungen ausgesetzt waren. Unter diesem Gesichtspunkt werden nachfolgend die hier gewonnenen Ergebnisse aus Untersuchungen mit Titan/Titan-Paarungen oder Titan/Stahl-Kombinationen entsprechenden Ergebnissen aus Stahl/Stahl-Paarungen gegenübergestellt.

6.1. Verschleißverhalten bei Wälzbeanspruchung

Einleitend werden zunächst die ersten Orientierungsversuche zum Verschleißverhalten von Titan bei Wälzbeanspruchung in technisch ungeschmierten Reibungssystemen vorgestellt, die Anlaß zur weitergehenden Bearbeitung des Fragenkomplexes waren (Punkt 6.1.1.). Es folgen die Ergebnisse der Grundlagenversuche, die das Verschleißverhalten der verschiedenen Titan/Titan- und Titan/Stahl-Paarungen in Abhängigkeit der einstellbaren Versuchsparameter (s. Tabelle 1) zeigen (6.1.2.). Schließlich geht der Vergleich mit heute eingesetzten Rad- und Schienenwerkstoffen auf die spezielle Fragestellung ein (Punkt 6.1.3.). Die Problematik des Freßverschleißes wird in einem gesonderten Unterabschnitt behandelt (6.2.).

6.1.1. Erste Orientierungsuntersuchungen

Wie bereits einleitend ausgeführt, wurde schon im Jahre 1968 die Erprobung von Titan als Laufflächenwerkstoff vorgeschlagen /21/. Als Ausgangsbasis dienten die in Bild 20 dargestellten Versuchsergebnisse. Die Gegenüberstellung der Gesamtverschleißbeträge $\Sigma\Delta G$, die den Gewichtsverlust beider Prüfkörper der Vergleichsstahlpaarung Ck 45/Ck 45 sowie der Reintitanpaarung Ti 1/Ti 1 angeben, zeigten nach einer Beanspruchungsdauer von T_B = 15 h für Titan weniger als 1/10 des Verschleißes der Stahlpaarung. Wie bereits bei einer Reihe anderer Metalle beobachtet, so wird auch bei wälzbeanspruchtem Titan der Verschleiß von mehreren gleichzeitig wirkenden Verschleißmechanismen hervorgerufen. Ebenso kommen den tribochemischen Reaktionen (hier vorrangig der Tribooxidation) vor allem in der Anfangsphase besondere Bedeutung zu, was schon anhand der blaugrauen bis dunkelgrauen Verfärbung der im unbeanspruchten geschliffenen Zustand metallisch matten Prüfkörperlaufflächen zu vermuten war. Die nach dem beschriebenen Verfahren durchgeführten röntgenographischen Untersuchungen der angefallenen Verschleißpartikel ergaben durchschnittlich 70 % Titananteile und ca 30 % Titanoxide ($TiO_{0,65}$ und $TiO_{1,2}$) /56/. Die anfängliche, in Bild 20 deutlich zu erkennende Gewichtszunahme ist auf die besondere Affinität von Titan zu Gasen, insbesondere zu Wasserstoff, Stickstoff und Sauerstoff (nicht jedoch zu den Edelgasen) zurückzuführen. In Bild 21 wird gezeigt, daß die Bildung einer festhaftenden Oxidschicht auf den Laufflächen bei Titan deutlich mehr Zeit beansprucht als bei Stahl. Außerdem ist zu erkennen, daß allein die tribologische Beanspruchung ohne äußere Temperatureinwirkung eine Oxidschichtdicke hervorruft, die mehr als das Fünfhundertfache der Schicht bei Niedrigtemperaturoxidation betragen kann /56; 57/.

In Bild 22 kann man in je einem Längs- und Querschliff für Stahl und Titan die Gefügeveränderungen in den Grenzschichten der Prüfkörper erkennen. Der obere Rand der Schliffbilder ist dabei mit der Lauffläche identisch. In den Längsschliffen (Umfangsrichtung) ist in beiden Fällen eine deutliche Orientierung in Richtung der Tangentialkraft zu erkennen. Die zähen Ferritkörner in der Stahlgrenzschicht können offensichtlich im mikroskopischen Bereich Dehnungen ertragen, die ein Vielfaches über der makroskopischen Bruchdehnung liegen /46/. Die spröden Zementitlamellen werden dagegen leicht zertrümmert.

Der Längsschliff durch die Titangrenzschicht zeigt ebenso deutlich gestreckte Titankörner, jedoch nicht in dem Maße wie die Stahlkörner. In beiden Querschliffen ist der weiter oben angesprochene Grenzschichtaufbau tribologisch beanspruchter, metallischer Körper zu erkennen. Die Verformungen erreichen etwa die gleiche Tiefe.

Zusammenfassend kann man damit feststellen, daß der Verschleißmechanismus von Titanwerkstoffen prinzipiell mit dem der unlegierten Stähle übereinstimmt. Außerdem zeichnet sich ein erheblich günstigeres Verschleißverhalten ab, so daß sich der Einsatz von Titan als Laufflächenmaterial nur positiv auswirken würde. Dieses so günstige Ergebnis mit einer Reintitanqualität geringer Festigkeit ließ weitere Untersuchungen gerechtfertigt erscheinen.

6.1.2. Grundlagenversuche

Die Grundlagenversuche dienen zur Sammlung weiterer Informationen über das Verschleißverhalten von Titanwerkstoffen bei Variation der Haupteinflußgrößen Flächenpressung (bei gleicher Prüfkörpergeometrie durch die Normalkraft F_N bestimmt) und der Umgebungsluftfeuchtigkeit (gekennzeichnet durch den Wasserdampfpartialdruck p_D).

Die Bilder 23 ÷ 28 zeigen den Gesamtabnutzungsbetrag $\Sigma\Delta G$ als Funktion der Beanspruchungsdauer T_B für die drei Titanwerkstoffe Ti 1, Ti 2 und Ti 3 bei sehr trockenem

(p_D = 80 Pa) und sehr feuchtem (p_D = 4000 Pa) Umgebungsluftzustand. Kurvenparameter ist jeweils die Normalkraft F_N. Der Gesamtabnutzungsbetrag setzt sich zusammen aus der Summe der bis zum jeweiligen Zeitpunkt T_B insgesamt angefallenen Einzelabnutzungsbeträgen des treibenden (Rad) und des bremsenden (Schiene) Prüfkörpers.

In allen Fällen steigt der Abnutzungsbetrag mit zunehmender Normalkraft an. Unerwartet und von den bisherigen Erfahrungen abweichend ist die Tatsache, daß in allen Paarungen, bei denen beide Prüfkörper aus dem Titanwerkstoff bestehen, die Abnutzungsbeträge in feuchter Umgebung merklich über denen bei trockenen Verhältnissen liegen. Zur Verdeutlichung sind die entsprechenden Kurvenverläufe in den Bildern 29 ÷ 31 nochmals gesondert wiedergegeben. Dieses Phänomen konnte nicht hinreichend geklärt werden. Man kann jedoch davon ausgehen, daß die hohe Reaktionsfreudigkeit von Titan mit Gasen einen deutlichen Einfluß hat. Es ist zu vermuten, daß die durch die Tangentialkräfte chemisch aktivierte Lauffläche der Titanprüfkörper stärker mit dem Sauerstoff aus der feuchten Umgebungsluft reagiert, da das "Angebot" dort größer als bei den extrem trockenen Bedingungen ist. Dies könnte zu einem verstärkten oxidischen Verschleißanteil führen, auch wenn man bei Eisenwerkstoffen den Oxidschichten zunächst eine verschleißhemmende Wirkung zuspricht. Außerdem können Wasserstoffmoleküle in die aktivierte Grenzschicht eindiffundieren und so zu einer gewissen Versprödung führen /19; 20; 22; 23/. Gestützt wird diese Vermutung von der röntgenographischen Analyse der Verschleißpartikel. Der Anteil an reinem Titan liegt im Gegensatz zum Ergebnis der Analyse der Verschleißpartikel, die aus Versuchen bei trokkener Umgebungsluft entnommen waren, nur noch bei 10 bis 20 Gewichtsprozent, der Anteil der Titanoxide ist also bei hoher Luftfeuchtigkeit von ca 30 auf 80 bis 90 Gewichtsprozent gestiegen.

Die Bilder 32 und 33 zeigen für die Vergleichsstähle das "gewohnte" Verhalten von Stahl/Stahl-Paarungen. Die Gesamtabnutzungsbeträge in trockener Umgebung liegen immer über denen aus Versuchen bei hoher Luftfeuchtigkeit. Auch die kombinierten Paarungen Titan/Stahl zeigen dieses Verhalten, Bilder 34 ÷ 36, so daß der höhere Verschleiß in feuchter Umgebung als eine Besonderheit der Titan/Titan-Kombinationen anzusehen ist. Im übrigen weicht das Verschleißverhalten der Werkstoffpaarungen Titan/Titan und Titan/Stahl nicht prinzipiell von dem der Stahl/Stahl-Paarungen ab.

6.1.3. Vergleichsuntersuchungen Titan-Stahl

Im Hinblick auf die Zielsetzung der Untersuchungen muß vorab zur Vermeidung von Fehldeutungen eine Anpassung der Versuchsauswertung und Ergebnisdarstellung erfolgen:

1. Bei den Rädern der Schienenfahrzeuge ruft der mit den hier durchgeführten Versuchen zu beurteilende natürliche Verschleiß im Laufflächenbereich eine kontinuierliche Abnahme des Querschnittes in radialer Richtung hervor. Eine Bewertung von Werkstoffen hinsichtlich der

genannten vier Substanzen nachweisbar sind.

6.2. Zum Problem des Freßverschleißes

Auch wenn der eisenbahntechnischen Praxis, wie gesagt, in Schleuder- und Gleitschutzeinrichtungen die maschinellen Möglichkeiten zur Verfügung stehen, extreme Belastungen durch Gleitreibung von den Laufflächen der Räder und Schienen fernzuhalten, soll das Problem des Freßverschleißes hier angesprochen sein. In der Mitte von Bild 39 sind Photographien der Laufflächen je einer Stahl/Stahl-Paarung und einer Titan-Stahl-Kombination bei extremen Schlupfwerten gegenübergestellt. Seitlich daneben befinden sich zugehörige Rauheitsmeßschriebe, die den Oberflächenzustand an den mit Pfeilen bezeichneten Stellen quer zur Umfangsrichtung wiederspiegeln.

In der ersten Zeile ist das Ergebnis der Simulation eines schleudernden Rades festgehalten. Versuchstechnisch stand dabei der als Schiene dienende Prüfkörper fest, der Gegenkörper lief mit 100 % Schlupf bei 700 N Normalkraft zwei Minuten lang darauf ab. Die mittlere Zeile zeigt die Ergebnisse bei einer Wälzreibungsbeanspruchung mit 50 % Schlupf, sonst aber gleichen Bedingungen.
Zuletzt ist das Resultat von Versuchen zur Nachahmung eines blockierenden Rades angegeben, dabei wurde der entsprechende Radprüfkörper blockiert, übrige Versuchsbedingungen wie oben. Bei allen Versuchen mit 100 % Schlupf tritt sowohl bei den Stahl/Stahl-Paarungen als auch bei den Titan/Stahl-Kombinationen unzulässiger Freßverschleiß auf. Insofern treffen zwar die einleitend angesprochenen, in der Literatur zu findenden Angaben zu, daß Titan bei hohen Flächenpressungen und Beanspruchung durch Gleitreibung zum "Fressen" neigt; andererseits ist jedoch das Ergebnis für Stahl bei gleicher Beanspruchung zumindest nicht besser als für Titan.

Erhebliche Unterschiede sind dagegen bei der Wälzbeanspruchung mit 50 % Schlupf zu verzeichnen. Beide Laufflächen der Titan/Stahl-Paarung entsprechen mit einer maximalen Rautiefe um ca 10 µm immerhin noch einem feingedrehten Zustand. Mit Rautiefenwerten von über 150 µm müssen dagegen die Laufflächen der Stahl/Stahl-Paarung als vollkommen zerstört bezeichnet werden.

Somit ist bei extremer Beanspruchung das Verschleißverhalten von Titan/Stahl-Paarungen nie schlechter als das im praktischen Eisenbahnbetrieb bewährter Stahlpaarungen, teilweise sogar erheblich besser. Damit dürften zumindest im Vergleich mit diesen Stählen keine Einwände gegen den Einsatz von Titan als Radreifenwerkstoff bestehen bleiben können.

6.3. Das Reibungsverhalten

Die nutzbare Zugkraft einer Lokomotive oder eines Triebwagens wird von deren (Reibungs-) Gewicht und der jeweiligen Reibungszahl bzw. dem Kraftschlußbeiwert zwischen Rad und Schiene bestimmt. Dieser ist ebenso wie das Verschleißverhalten

sind sie jedoch ohne Bedeutung. Daher wird der Laufweg l_w als die neue Bezugsgröße für den Verschleiß erst vom Zeitpunkt der ersten Ablösung von Verschleißpartikeln aus den Laufflächen an gerechnet.

Im Hinblick auf den Einsatz bei Hochgeschwindigkeitsschienenfahrzeugen und den dabei verlangten Festigkeiten werden die Titanlegierungen mit entsprechenden mechanischen Kennwerten mit dem ebenfalls höherfesten, heutigem Treibradwerkstoff M80 jeweils in Kombination mit dem verschleißfesten Schienenstahl VA verglichen.

Unter Berücksichtigung der vorangestellten Ausführungen zur Auswertung und Darstellung dieser Untersuchungen sind in Bild 37 der Verschleiß ΔR, die Laufflächenhärte HV und die Laufflächenrauheit R_z, getrennt für Rad und Schiene, als Funktion des Laufweges l_w aufgetragen. Der Verschleiß der das Eisenbahnrad simulierenden Prüfkörper ist bei den Titanlegierungen und dem Treibradstahl nahezu identisch. Dagegen nimmt der Schienenverschleiß in Kombination mit den Titanlegierungen nahezu um eine Zehnerpotenz ab.
Auch bezüglich der Rauheit und Härte der Laufflächen verhalten sich die Titan/Stahl-Paarungen im Vergleich zu der Stahl/Stahl-Paarung eher besser als schlechter.

Auf die vergleichende Darstellung der Abhängigkeiten dieser in Bild 37 gegenübergestellten Werkstoffpaarungen von den variablen Versuchsparametern Flächenpressung (Normalkraft) und Luftfeuchtigkeit kann verzichtet werden. Sie verhalten sich qualitativ im gleichen Sinne wie die bereits vorgestellten Stahl/Stahl- bzw. Titan/Stahl-Paarungen: mit steigender Flächenpressung und mit abnehmender Luftfeuchtigkeit nimmt der Verschleiß zu.
Ein weiterer Einflußparameter auf die Größe des Verschleißes ist der Schlupf zwischen Rad und Schiene. In Bild 38 ist diese Abhängigkeit für die Paarungen Treibradstahl M80/ Schienenstahl VA und Titan Ti 4/Schienenstahl VA angegeben. Auch in dieser Kombination erweist sich der Schienenstahl als deutlich verschleißfester im Vergleich mit dem bisherigen Radstahl M80.
Am Titanprüfkörper selbst liegt der Verschleiß etwas unter den Werten des Stahlprüfkörpers.
Im untersuchten Bereich steigt der Verschleiß mit zunehmendem Schlupf degressiv an. Dieses Verhalten ist auch bei allen übrigen Werkstoffkombinationen zu verzeichnen, so daß auch in diesem Falle auf weitere Ergebnisdiagramme verzichtet wird.

Die röntgenographische Untersuchung der Verschleißpartikel nach dem Debye-Scherrer-Verfahren auf die quantitative Zusammensetzung hin ist wegen der Vielzahl der Reflexe der möglichen metallischen sowie oxidischen Bestandteile nur sehr ungenau, berücksichtigt man, daß die Nachweisgrenze für eine einzelne Substanz bei 10 bis 15 Prozent liegt. Ließen die Eichaufnahmen der Gemische aus vier Bestandteilen (α-Fe, α-Fe_2O_3, Ti, TiO_2) gerade noch eine Unterscheidung zu, so war eine zufriedenstellende Auswertung bei den Aufnahmen der eigentlichen Verschleißpartikel nicht mehr möglich. Zuverlässig ist lediglich die qualitative Aussage, daß die genannten vier Substanzen nachweisbar sind.

6.2. Zum Problem des Freßverschleißes

Auch wenn der eisenbahntechnischen Praxis, wie gesagt, in Schleuder- und Gleitschutzeinrichtungen die maschinellen Möglichkeiten zur Verfügung stehen, extreme Belastungen durch Gleitreibung von den Laufflächen der Räder und Schienen fernzuhalten, soll das Problem des Freßverschleißes hier angesprochen sein. In der Mitte von Bild 39 sind Photographien der Laufflächen je einer Stahl/Stahl-Paarung und einer Titan-Stahl-Kombination bei extremen Schlupfwerten gegenübergestellt. Seitlich daneben befinden sich zugehörige Rauheitsmeßschriebe, die den Oberflächenzustand an den mit Pfeilen bezeichneten Stellen quer zur Umfangsrichtung widerspiegeln.

In der ersten Zeile ist das Ergebnis der Simulation eines schleudernden Rades festgehalten. Versuchstechnisch stand dabei der als Schiene dienende Prüfkörper fest, der Gegenkörper lief mit 100 % Schlupf bei 700 N Normalkraft zwei Minuten lang darauf ab. Die mittlere Zeile zeigt die Ergebnisse bei einer Wälzreibungsbeanspruchung mit 50 % Schlupf, sonst aber gleichen Bedingungen.
Zuletzt ist das Resultat von Versuchen zur Nachahmung eines blockierenden Rades angegeben, dabei wurde der entsprechende Radprüfkörper blockiert, übrige Versuchsbedingungen wie oben. Bei allen Versuchen mit 100 % Schlupf tritt sowohl bei den Stahl/Stahl-Paarungen als auch bei den Titan/Stahl-Kombinationen unzulässiger Freßverschleiß auf. Insofern treffen zwar die einleitend angesprochenen, in der Literatur zu findenden Angaben zu, daß Titan bei hohen Flächenpressungen und Beanspruchung durch Gleitreibung zum "Fressen" neigt; andererseits ist jedoch das Ergebnis für Stahl bei gleicher Beanspruchung zumindest nicht besser als für Titan.

Erhebliche Unterschiede sind dagegen bei der Wälzbeanspruchung mit 50 % Schlupf zu verzeichnen. Beide Laufflächen der Titan/Stahl-Paarung entsprechen mit einer maximalen Rautiefe um ca 10 µm immerhin noch einem feingedrehten Zustand. Mit Rautiefenwerten von über 150 µm müssen dagegen die Laufflächen der Stahl/Stahl-Paarung als vollkommen zerstört bezeichnet werden.

Somit ist bei extremer Beanspruchung das Verschleißverhalten von Titan/Stahl-Paarungen nie schlechter als das im praktischen Eisenbahnbetrieb bewährter Stahlpaarungen, teilweise sogar erheblich besser. Damit dürften zumindest im Vergleich mit diesen Stählen keine Einwände gegen den Einsatz von Titan als Radreifenwerkstoff bestehen bleiben können.

6.3. Das Reibungsverhalten

Die nutzbare Zugkraft einer Lokomotive oder eines Triebwagens wird von deren (Reibungs-) Gewicht und der jeweiligen Reibungszahl bzw. dem Kraftschlußbeiwert zwischen Rad und Schiene bestimmt. Dieser ist ebenso wie das Verschleißverhalten eine Funktion der verschiedensten Einflußgrößen. Besonders müssen wieder Flächenpressung, Luftfeuchtigkeit, Gleitgeschwindigkeit, Fahrgeschwindigkeit, Schlupf, Laufflächenrauheit, Laufflächenverschmutzung usw. genannt werden. Bei verschiedenen Stahl/Stahl-Kombinationen bewirkt die Änderung eines dieser Parameter immer eine gleichsinnige Änderung der Reibungszahl. Aufgabe der vorangestellten Grundlagenuntersuchungen ist die Klärung, wie sich Titan/Titan- und Titan/Stahl-Paarungen bei Änderung der Einflußparameter des Wälzreibungssystems verhalten. An dem unter Punkt 4.4. - Versuchsdurchführung - aufgeführten Bild 16 war zu erkennen, daß bei Stahlwerkstoffen erst nach einer gewissen Einlaufphase konstante Reibungsverhältnisse zu erwarten sind. Dies trifft für den gesamten, hier vorrangig interessierenden Schlupfbereich zwischen 0,0 und 1,0 % zu, Bild 40.

Die dreidimensionalen Bilder 41 und 42 zeigen für den betrachteten Schlupfbereich qualitativ den gleichen Verlauf, bei trockener ebenso wie bei feuchter Umgebungsluft. Ein Beharrungszustand wird erst nach einigen Stunden erreicht. Für den Eisenbahnbetrieb sind vorrangig die Reibungszahlen als Funktion des Schlupfes von Interesse, und zwar im eingelaufenen Betriebszustand. Nachfolgend werden diese Abhängigkeiten daher nur noch nach hinreichend langer Versuchszeit (T_B = 10 h) bzw. genügend langem Laufweg (l_W = 10 km) angegeben.

Die Bilder 43 bis 48 lassen erkennen, daß sowohl der Einfluß der Flächenpressung als auch der Luftfeuchtigkeit auf den Verlauf der Reibungszahl im hier interessierenden Bereich dieser Parameter und des Schlupfes für die Titan/Titan-Werkstoffkombinationen nur gering ist. Gleiches gilt für die kombinierten Werkstoffpaarungen Titan/Stahl, wie beispielhaft in Bild 49 für den Einfluß der Flächenpressung wiedergegeben.

Im Hinblick auf den Anwendungsfall Rad/Schiene genügt daher hier die in Bild 50 zu findende Gegenüberstellung der erzielten Reibungszahlen für die Titan/Schienenstahl- und die Treibradstahl/Schienenstahl-Paarungen bei einer Parametereinstellung. Deutlich ist zu erkennen, daß die für alle Titan/Stahl-Kombinationen gemessenen Reibungszahlen deutlich über den Werten für die Stahlwerkstoffe liegen. In größeren Schlupfbereichen betragen die Unterschiede zwischen 20 und 40 %.

Das im allgemeinen außerdem interessierende Maximum der Reibungszahl/Schlupf-Beziehung konnte hier aus maschinentechnischen Gründen nicht bestimmt werden.

Insgesamt ist also festzustellen, daß nach dem Verschleißverhalten auch seitens des Reibungsverhaltens der Titan/Stahl-Kombinationen sich im Hinblick auf die Zugkraft von Lokomotiven oder Triebwagen keine Einwände gegen den Einsatz von Titanwerkstoffen als Laufflächenmaterial für Schienenfahrzeugräder ergeben.

7. Diskussion

Die ersten Orientierungsversuche unter Variation der wesentlichen Einflußgrößen haben gezeigt, daß die Titanwerkstoffe im Prinzip gleichartigen Verschleißmechanismen unterliegen wie unlegierte Kohlenstoffstähle. Die Abweichung der Titan/Titan-Werkstoffpaarungen, bei sehr hoher Umgebungsluftfeuchtigkeit höheren Verschleiß als bei trockenen Bedingungen zu zeigen, ist für den hier beabsichtigten Anwendungsfall im Rad/Schiene-System ohne Bedeutung. Es ist nicht zu erwarten, daß der Einsatz von Titan als Schienenwerkstoff in absehbarer Zeit zur Diskussion stehen wird, auch nicht bei einer dem Personenschnellstverkehr vorbehaltenen Neubaustrecke nach dem Muster der japanischen Tokaido-Schnellbahn. Über die hier bereits durchgeführten Grundlagenuntersuchungen hinausgehende Vorversuche können daher wegen der Ähnlichkeit des Verhaltens von Titan/Stahl-Paarungen mit dem der Kohlenstoffstähle zunächst entfallen, Tendenzen sind in Anlehnung an die bekannten Ergebnisse der Stähle abzuschätzen.

Im Hinblick auf die praktische Anwendung sind hier vor allem die Ergebnisse der höherfesten Titanqualitäten in Kombination mit dem Schienenstahl in verschleißfester Güte A gemäß UIC-Kodex 860 V von Interesse.
Eine deutliche Verbesserung des Verschleißverhaltens eines Radreifens aus Titan im Vergleich mit dem heutigen Treibradstahl M80, wie in den einleitenden theoretischen Überlegungen für möglich gehalten, tritt nicht ein. In beiden Fällen liegt der die Radreifen simulierenden Prüfkörper in der gleichen Größenordnung.

Damit ist jedoch bereits das grundlegende Ziel einer deutlichen Verringerung der ungefederten Radsatzmassen bei vertretbarem Verschleiß erreicht und damit auch seitens der einsetzbaren Radreifenwerkstoffe eine wesentlich günstigere Voraussetzung für einen Schienenschnellstverkehr geschaffen. Auch hochverschleißfeste Stahl-Werkstoffpaarungen führen nicht aus dem Dilemma der mit steigender Fahrgeschwindigkeit quadratisch ansteigenden Beanspruchungen von Rad und Schiene und der daraus resultierenden Forderung nach größeren Widerstandmomenten, die wiederum nur mit größeren Massen zu realisieren sind /11/.

Letztlich wäre man daher auch schon mit einem Leichtwerkstoff als Radreifenmaterial zufrieden, der ein schlechteres Verschleißverhalten als Stahl zeigt, nur um die ungefederten Massen zu reduzieren.
Gleiches gilt auch für das Verhalten unter extremer Beanspruchung. Aber auch dort verschleißt Titan in Kombination mit dem Schienenwerkstoff VA nicht stärker als der Stahl M80; bei Wälzreibung mit 50 % Schlupf ist Titan dem Stahl sogar deutlich überlegen, so daß unter Umständen auch auf die genannten Schleuder- bzw. Gleitschutzeinrichtungen verzichtet werden könnte.

Die bemerkenswerte Abnahme des Verschleißes am Schienenstahl VA in Kombination mit Titan könnte zu erheblichen Einsparungen bei den Unterhaltskosten der Gleise führen, so daß die höheren Kosten für Radreifen aus Titan auch bei weitverbreitetem Einsatz ausgeglichen würden.

Auch die im untersuchten Schlupfbereich höheren Reibungszahlen der Titan/Stahl-Kombinationen im Vergleich zu den Stahl/Stahl-Paarungen sprechen für den Einsatz von Titan als Radreifenwerkstoff. So könnte das Reibungsgewicht heutiger Lokomotiven oder Triebwagen bei gleichbleibender Zugkraft gesenkt werden und damit über nochmals verringerter Flächenpressung die Beanspruchung von Rad und Schiene weiter herabsetzen. Andererseits könnten unter Beibehaltung heutiger Lokomotiven höhere Zugkräfte verwirklicht und damit den ständigen Forderungen nach höherer Leistung ohne kostenintensive Neukonstruktionen entsprochen werden.

Zusammenfassend ist somit aufgrund der Modellversuche zu erwarten, daß mit dem Einsatz von Titanwerkstoffen als Radreifenmaterial die allgemein und insbesondere für den Schienenschnellstverkehr angestrebte Verringerung ungefederter Radsatzmassen erreicht werden kann. Außerdem dürften damit auch eher Vorteile als Nachteile hinsichtlich des Verschleiß- und Reibungsverhaltens im Vergleich zu heutigen Radstählen verbunden sein.

Diese Aussagen behalten auch unter Berücksichtigung der zwischenzeitlichen Neuentwicklung von Radstählen ihre Gültigkeit. In identischen Modellversuchen, wie sie hier zur Frage der Eignung von Titan als Radreifenmaterial durchgeführt wurden, zeigt der Versuchsstahl T 3, Zugfestigkeits-Sollwert 900 N/mm^2 bei bainitischer Gefügeausbildung, in der Paarung mit dem verschleißfesten Schienenwerkstoff VA einen um den Faktor Drei geringeren Verschleiß; gleichzeitig verringert sich der Verschleiß an den die Schiene simulierenden Prüfkörper auf 1/10tel des Wertes, der in der Vergleichsstahlpaarung M80/VA gemessen wird /54/. Die Gegenüberstellung mit den Ergebnissen der Titanversuche in Bild 51 /54/ ergibt das günstigste Verschleißverhalten für diesen neuentwickelten Radreifenstahl.

Dies ist das Ergebnis umfangreicher Laborversuche mit völlig neuen Stahllegierungen. Berücksichtigt man nun, daß die hier eingesetzten Titanlegierungen handelsübliche, für andere Einsatzzwecke vorgesehene Werkstoffe sind, so kann man auch durch Entwicklung spezieller Titanlegierungen für den Einsatz als Radlaufflächenmaterial eine noch deutlichere Verschleißabnahme als bisher schon erwarten.

Abschließend soll jedoch vermerkt sein, daß es sich jeweils um Ergebnisse aus Modellversuchen handelt, die zu einer endgültigen Beurteilung alleine nicht ausreichen. So sind diese Ergebnisse immer noch durch geeignete Praxisversuche zu kontrollieren. Für einen neuentwickelten Radreifenstahl (nicht identisch mit dem aufgeführten Versuchsstahl T 3) sind solche Versuche inzwischen angelaufen /58/.
Auch im vorliegenden Fall dürften die günstigen Ergebnisse der Modellversuche mit den verschiedenen Titanwerkstoffen eine Überprüfung in 1:1-Versuchen rechtfertigen.

Nachwort

Die Verfasser danken besonders Herrn Dipl.-Ing. H.D. Schreiner, Firma Messerschmitt-Bölkow-Blohm, Ottobrunn/München, für wertvolle Diskussion und Hinweise.

Der Deutschen Bundesbahn sowie den Firmen Fried. Krupp, Essen (Dr. Knorr; Dr. Heller), den Klöckner-Werken, Osnabrück (Dr. Körfer), und der Thyssen-Henrichshütte, Hattingen (Dr. Forch) gilt der Dank für kostenlos bereitgestellte Versuchswerkstoffe.

8. Schrifttum

/ 1/ Lange, H.; Hildebrand, F.; Hogenkamp, F. — Zur Wahl von Rad- und Reifenwerkstoffen und zum Verhalten der Werkstoffe im Großversuch mit Radprofil II bei Reisezugwagen (Teil I) ZEV-Glas.Ann. 98 (1974) Nr. 4, Seite 93÷100

/ 2/ Nefzger, A. — Lauftechnische Erkenntnisse aus den Schnellfahruntersuchungen der Deutschen Bundesbahn ZEV-Glas.Ann. 93 (1969) Nr. 11, S. 337÷346

/ 3/ Egelkraut, K.; Lange, H.; Mussnig, V. — Untersuchungen am Radsatz ETR 15 (1966) H. 9, S. 346÷360

/ 4/ Wirner, R. — Über die Ursachen von Laufflächenschäden bei klotz- und scheibengebremsten Eisenbahnrädern Vortrag auf dem II. Internationalen Radsatzkongreßß, München, 1966

/ 5/ Kühnel — Ergebnisse von neureren Untersuchungen über Radreifenschäden Sonderheft zu Glasers Annalen 1. Juli 1927, S. 302÷309

/ 6/ Rudolf, W. — Die Laufflächenschäden der Eisenbahnräder und ihre Entstehung ZEV-Glasers Ann. 88 (1964) Nr. 3, S. 98÷109

/ 7/ Bröhl, W.; Brinkmann, P. — Die Laufkranzvergütung von Vollrädern und ihre Bedeutung für den schienengebundenen Verkehr ZEV-Glasers Ann. 95 (1971) Nr. 9, S. 289÷295

/ 8/ Stahn, R. — Wagenradsätze der DB für hohe Geschwindigkeiten ZEV-Glasers Ann. 96 (1972) Nr. 11, S. 331-333

/ 9/ Heller, W. — Zur Entwicklung und Weiterentwicklung der Güte- und Gebrauchseigenschaften heutiger Schienenstähle ETR 20 (1971) H. 1/2, S. 71÷78

/10/ Ishizawa, M.; Tanaka, J. — Wheelsets of the new Tokaido Line Vortrag B 3, Internationaler Radsatzkongreß München, 1966

/11/ Hegenbarth, F. — Ein Leichtradsatz für Hochgeschwindigkeiten im Rad/Schiene-System ZEV-Glasers Ann. 96 (1972) Nr. 11, S. 325÷333

/12/ Rautenberg, W. Leichtbau von Radsätzen für Schienenfahrzeuge
AGM Leichtbau der Verkehrsfahrzeuge 4 (1955) Nr. 1, S. 1÷6

/13/ Kreissig, E.; Szymanski, A. Aluminium-Radscheiben und ihre Wirkung
AGM - Leichtbau der Verkehrsfahrzeuge 4 (1955) Nr. 7, S. 1÷8

/14/ Kreissig, E. Die Entwicklung des Radsatzes von Schienenfahrzeugen vom Leichtradsatz zum Kleinrad
Leichtbau der Verkehrsfahrzeuge 1 (1957) Nr. 2/3, S. 54÷61

/15/ Kötzschke, P.; König, H. Die Entwicklung von Leichtmetall-Radscheiben für Radsätze von Schienenfahrzeugen
Leichtbau der Verkehrsfahrzeuge 2 (1958) H. 5, S. 94÷101

/16/ Kurek, E.G. Möglichkeiten der Gewichtsverminderung von Radsätzen
Leichtbau der Verkehrsfahrzeuge 12 (1968) H. 4, S. 154÷162

/17/ Ileri, H. Untersuchungen über den Verschleiß einiger Aluminiumlegierungen
Diss. TH Aachen, 1954

/18/ Krause, H.; Janas, S. Über das Wälzreibungsverhalten von Aluminium
Metallwissenschaft und Technik 28 (1974) Nr. 9, S. 895÷901

/19/ N.N. Titan und Titanlegierungen
Druckschrift C 16, Dez. 1972, Contimet Titan Abteilung der Deutschen Edelstahlwerke AG, Krefeld

/20/ N.N. Titan-Tikrutan
Druckschrift Nr. 5 39 d 4 68
Fried. Krupp GmbH, Essen

/21/ Krause, H. Grenzen und Möglichkeiten des Schnellverkehres bei Schienenfahrzeugen
Habilitationsvortrag TH Aachen, 1968

/22/ Rüdinger, K.; Ismer, A. Titan als Werkstoff für mechanisch und theoretisch beanspruchte Bauteile von Fahrzeugen
Leichtbau der Verkehrsfahrzeuge 15 (1971) Nr. 5, S. 174÷176

/23/ Zwicker, U. Titan und Titanlegierungen
Springer Verlag, Berlin, Heidelberg, New York, 1. Auflage, 1974

/24/ Rüdiger, O.; van Kann, H.; Knorr, W. — Titan, seine Eigenschaften und Anwendungsmöglichkeiten
Techn. Mitt. Krupp 13 (1955) Nr. 2, S. 23÷38

/25/ Curtius, E.W.; Kniffler, A. — Neuere Erkenntnisse über die Haftung zwischen Rad und Schiene
Elektr. Bahnen (1944), H. 1/2 S. 25÷29 und H. 3, S. 51÷57

/26/ Kraft, K. — Der Einfluß der Fahrgeschwindigkeit auf den Haftwert zwischen Rad und Schiene
AET (1967) Nr. 12, S. 58÷78

/27/ Kniffler, A. — Die neuere Entwicklung im Bau elektrischer Lokomotiven und Triebwagen
ZEV Glasers Annalen 74 (1950) Nr. 5, S. 81÷86

/28/ Marta, H.A.; Mels, K.D.; Itami, G.S. — Design Features and Performance Characteristics of the High Traction, Three-Axle Truck
ASME-Paper No 72-RT-3, Railroad Conference 1972, USA

/29/ Gaudichon, M. — Der Turbotrain TGV 001 der SNCF - bisherige Erfahrungen und Versuchsergebnisse
ZEV-Glasers Ann. 98 (1974) Nr. 6, S. 159÷170, 173

/30/ Albrecht, H. — Bisherige Ergebnisse der Wälzprüfstandsversuche
Vortrag Nr. 9 des Statusseminars IV spurgeführter Fernverkehr - Rad/Schiene-Technik, Konstanz, März 1977, unveröffentlicht

/31/ Godfrey, D. — Vibration Reduces Metal to Metal Contact and Causes an Apparent Reduction in Friction
ASLE Transactions 10 (1967) pp 183÷192

/32/ Câp, J. — Modelluntersuchungen von Schlupf-Charakteristiken des Eisenbahnrades beim Wechsel von Achslast und Frequenz
Sammlung von Arbeiten der Verkehrshochschule und des Verkehrsforschungsinstitutes Prag, CSSR, 1973, Nr. 54, MDT 620.16

/33/ Broszeit, E.; Kloos, K.H. — Einfluß von Schwingungen auf die Verschleißeigenschaften eines Reibungssystems
Wear 28 (1974), S. 395÷401

/34/ Sperling, E. Stand der Erkenntnisse über die Grenzgeschwindigkeit - mögliche Höchstgeschwindigkeit - auf konventionellem Oberbau
Leichtbau der Verkehrsfahrzeuge 17 (1973) Nr. 2, S. 36÷41

/35/ Kellermann, R.; Turlach, G. Hochfeste Titanschrauben
Technische Rundschau 31 (1967) Nr. 30, S. 3÷31

/36/ Spengler, G.; Peltzer, W. Über das Schmierverhalten von Molybdänit (MoS_2) bei Gleitreibung auf Stahl und Titan sowie dessen Verankerung auf diesen Oberflächen
Erdoel und Kohle - Erdgas 26 (1973) Nr. 8, S. 461÷468

/37/ Goll, S.; Lechner, G. Titan als Getriebewerkstoff
Konstruktion 26 (1974) Nr. 11, S. 440÷446

/38/ Schröter, H.; Schönenberger, A. Gleitvorgänge zwischen Rad und Schiene bei Dieseltriebfahrzeugen und Gegenmaßnahmen durch Schutzgeräte
ETR 23 (1974) Nr. 3, S. 86÷96

/39/ Kirschke, E. Dokumentation Tribologie - Verschleiß, Reibung und Schmierung
Bundesanstalt für Materialprüfung (BAM), Berlin, Fachgruppe Rheologie und Tribologie

/40/ N.N. DIN 50320 - Vornorm - Verschleiß - Begriff, Analyse von Verschleißvorgängen, Gliederung des Verschleißgebietes
Fachnormenausschuß Materialprüfung im Deutschen Normenausschuss, 1953

/41/ Jost, H.P. Lubrication (Tribologie, Education and Research: A Report on Present Position and Industry's Needs
Department of Education and Science London, Her Majesty's Stationary Office, 1966

/42/ Czichos, H. Systemanalyse und Physik tribologischer Vorgänge
Schmierungstechnik und Tribologie 22 (1975) Nr. 6, S. 126÷130 und 23 (1976) Nr. 1, S. 6÷12

/43/ Czichos, H. — A Systems Analysis Data Sheet for Friction and Wear Tests and an Outline for Simulative Testing
Wear 41 (1977), S. 45-55

/44/ Amsler, A.J. — Abnutzungsmaschine für Metalle, Typ 135, Beschreibung 14 D der Fa. A.J. Amsler u. Co., Schaffhausen, Schweiz

/45/ Bugarcic, H. — Einfluß der Feuchtigkeit auf mechanisch-chemische Vorgänge bei Reibungsbeanspruchungen von ARMCO-Eisen, Einsatz- und Radreifenstahl - unter Verwendung einer neukonstruierten Reibungsprüfmaschine
Diss. TH Aachen, 1964

/46/ Krause, H. — Mechanisch-chemische Reaktionen bei der Abnutzung von St 60, V2A und Manganhartstahl
Diss. TH Aachen, 1966

/47/ Krause, H.; Jühe, H.-H. — Untersuchungen des Gefügeeinflusses auf die Größe der röntgenographischen Elastizitätskonstanten
Forschungsbericht des Landes Nordrhein-Westfalen, Nr. 2623, 1977, Westdeutscher Verlag, Opladen

/48/ Krause, H.; Demirci, A.-H. — Untersuchungen über bevorzugte Kristallorientierungen in den Grenzschichten metallischer Körper - unter besonderer Berücksichtigung des Rad/Schiene-Systems
Forschungsbericht des Landes Nordrhein-Westfalen, demnächst

/49/ Krause, H.; Demirci, H.A. — Factors influencing the real trend of the coefficient of friction of two elastic bodies rolling over each other in the presence of dry friction
Presented at the Symposium on the Mechanics of the Contact between Deformable Bodies (IUTAM), Twente University of Technology, August 20-23, 1974 University Press Delft (The Netherlands)

/50/ Krause, H.; Christ, E. — Das röntgenographische Spannungsmeßverfahren, Prinzip und Anwendung,
VDI-Z. 117 (1975) Nr. 19, S. 884÷890

/51/ Krause, H.; Demirci, A.H. — Final Texture of Copper Subjected to Frictional Stresses
Wear 37 (1976) No 1, pp 53÷61

/52/ Christ, E. — Röntgenographische Ermittlung und Bewertung von Randschichteigenspannungen nach einer Wälzbeanspruchung
Diss. TH Aachen, 1976

/53/ Krause, H.; Jühe, H.-H. — Internal Stresses during Rolling Friction on their Evaluation
Wear 41 (1977) No 1, pp 15-23

/54/ Krause, H.; Scholten, J. — Factors Influencing the Frictional and Wear Behaviour of the Wheel/Rail-System,
Proceedings of the 5th International Wheelset Congress, Tokyo, Oct. 1975

/55/ Kelly, B.W. — The Importance of Surface Temperature to Surface Damage, Kapitel 8 in Handbook of Mechanical Wear (C. Lipson u. L.V. Colwell) University of Michigan Press 1961

/56/ Krause, H. — Einfluß tribochemischer Reaktionen auf den Reibungs- und Abnutzungsvorgang von Titan
Schmierungstechnik 3 (1972) Nr. 1, S. 4÷10

/57/ Krause, H. — Tribochemische Reaktionen bei der Wälzreibung von Eisen
Schmiertechnik und Tribologie 17 (1970) No 2, pp 76÷87

/58/ Forch, K. — Mündliche Mitteilung

9. B I L D A N H A N G

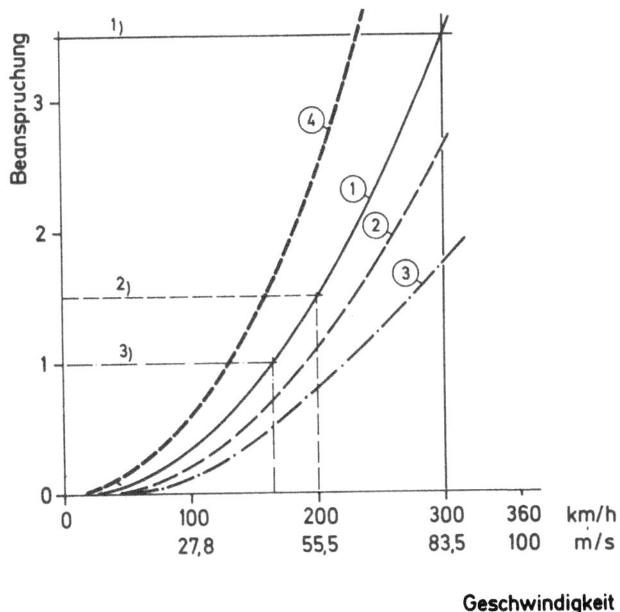

(1) Bei normalem Radsatzgewicht
(2) Bei ²/₃-Radsatzgewicht
(3) Bei halbem Radsatzgewicht
(4) Bei der erhöhten Beanspruchung angepaßtem Gewicht des konventionellen Radsatzes

¹) Beanspruchungsniveau für Fahrbahn und Radsatz bei 300 km/h.
²) Bekanntes, nur in Ausnahmefällen praktiziertes Beanspruchungsniveau.
³) Heute übliches Beanspruchungsniveau.

Bild 1: Einfluß des Radsatzgewichtes auf das Beanspruchungsniveau von Radsatz und Oberbau in verschiedenen Geschwindigkeitsbereichen /11/

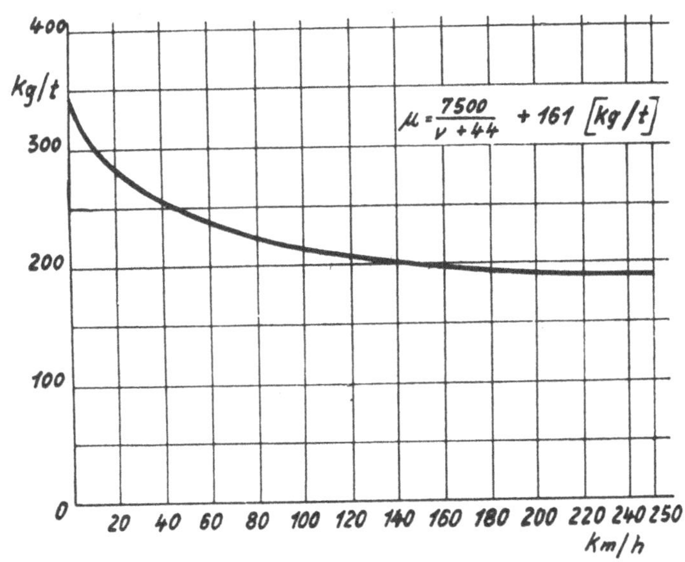

Bild 2: Verlauf des Haftwertes Rad/Schiene als Funktion der Fahrgeschwindigkeit /27/

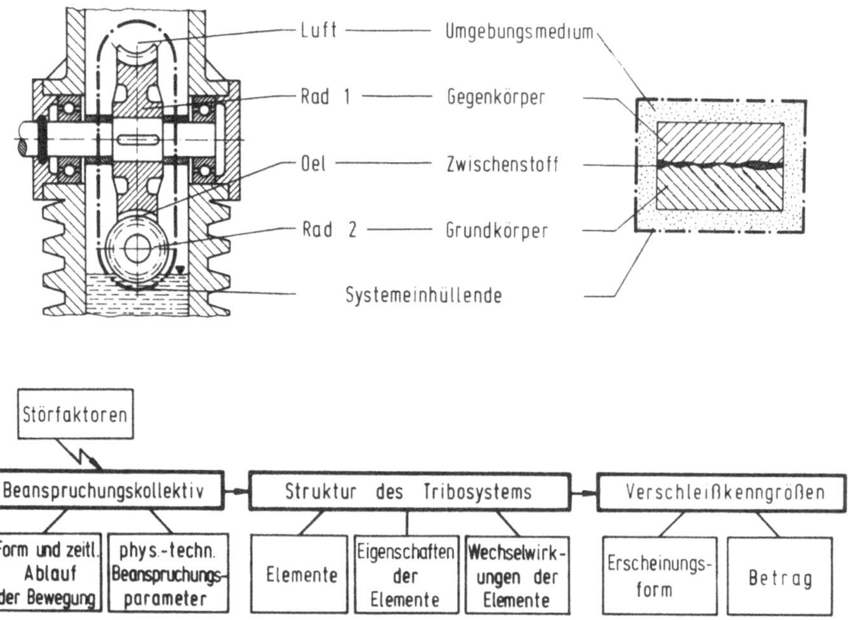

Bild 3: Modell zur Analyse eines tribotechnischen Systems (in Anlehnung an /42; 43/)

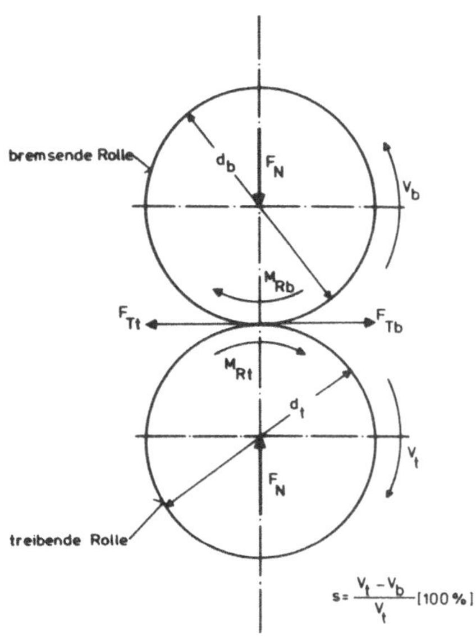

Bild 4: Prinzip eines Wälzprüfstandes

d	:	Durchmesser
l_w	:	Laufweg
s	:	Schlupf
v	:	Umfangsgeschwindigkeit
F_N	:	Normalkraft
F_T	:	Tangentialkraft
M_R	:	Reibmoment

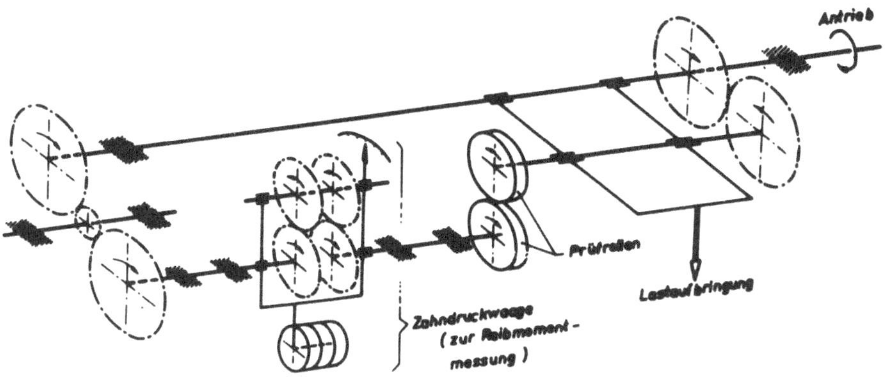

Bild 5: Prinzip eines Verspannungsprüfstandes /45/

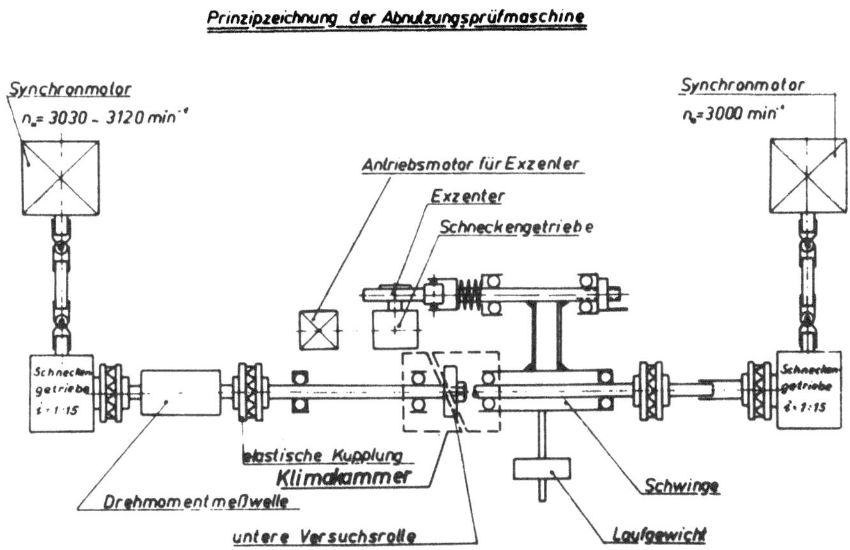

Bild 6: Wälzreibungsprüfmaschine - Bauart Bugarcic /45/ - mit offenem Leistungskreislauf /46/

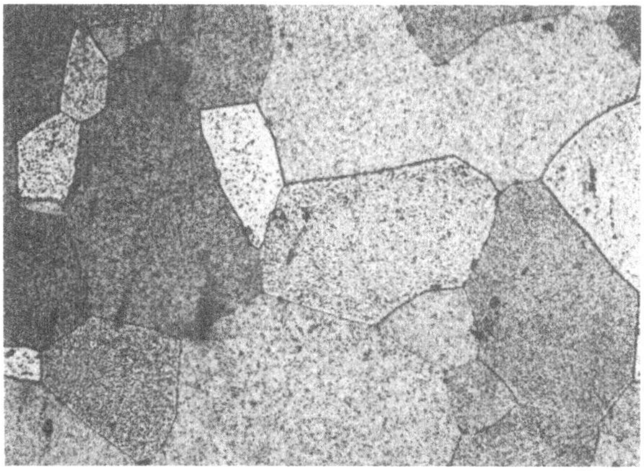

0,05 mm

Bild 7: Grundgefüge Ti 1

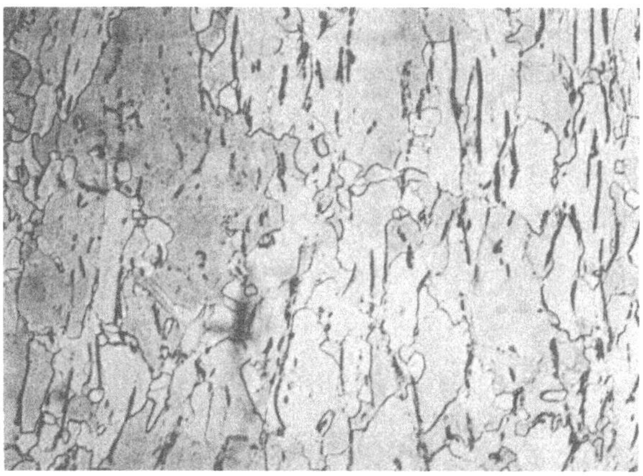

0,05 mm

Bild 8: Grundgefüge Ti 2

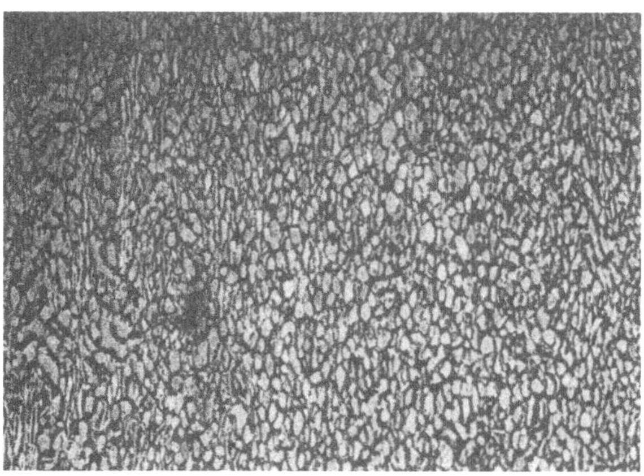

0,05 mm

Bild 9: Grundgefüge Ti 3

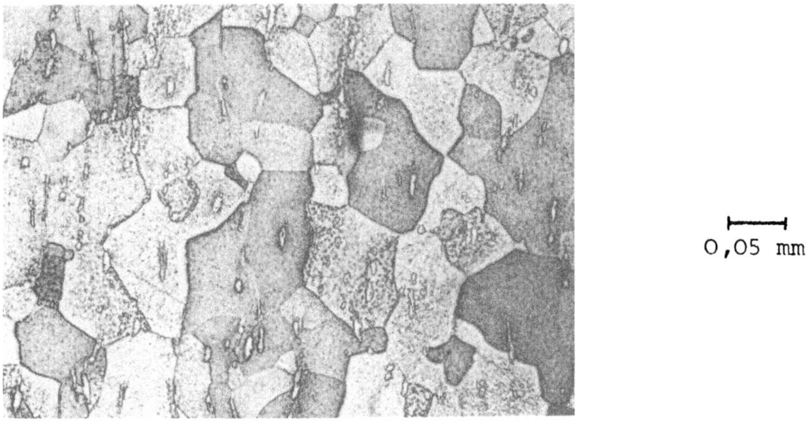

Bild 10:Grundgefüge Ti 4

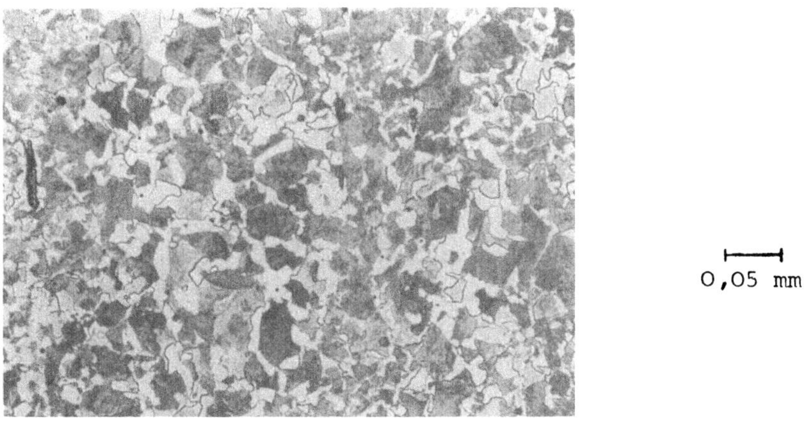

Bild 11: Grundgefüge VR

Bild 12: Grundgefüge M80

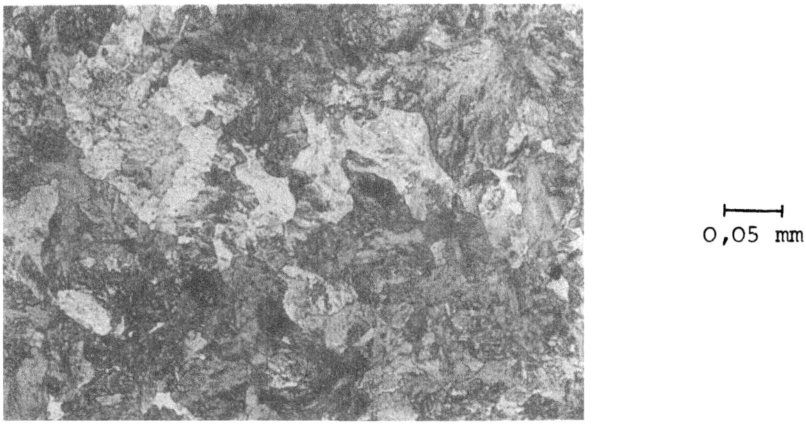

Bild 13: Grundgefüge VA

Bild 14: Grundgefüge SA 1

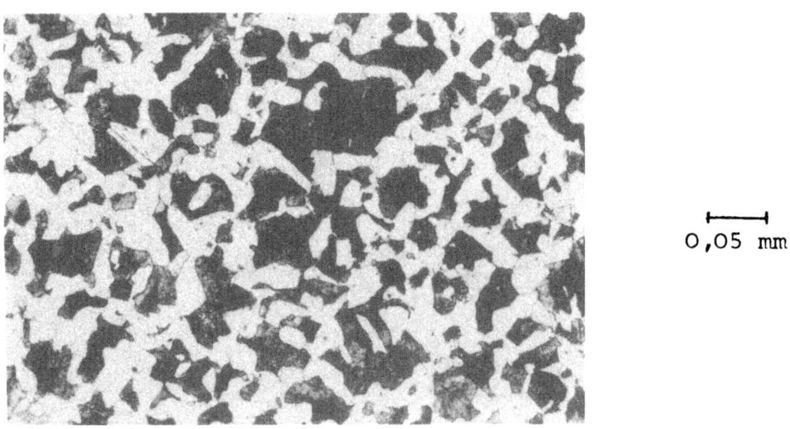

Bild 15: Grundgefüge Ck 45

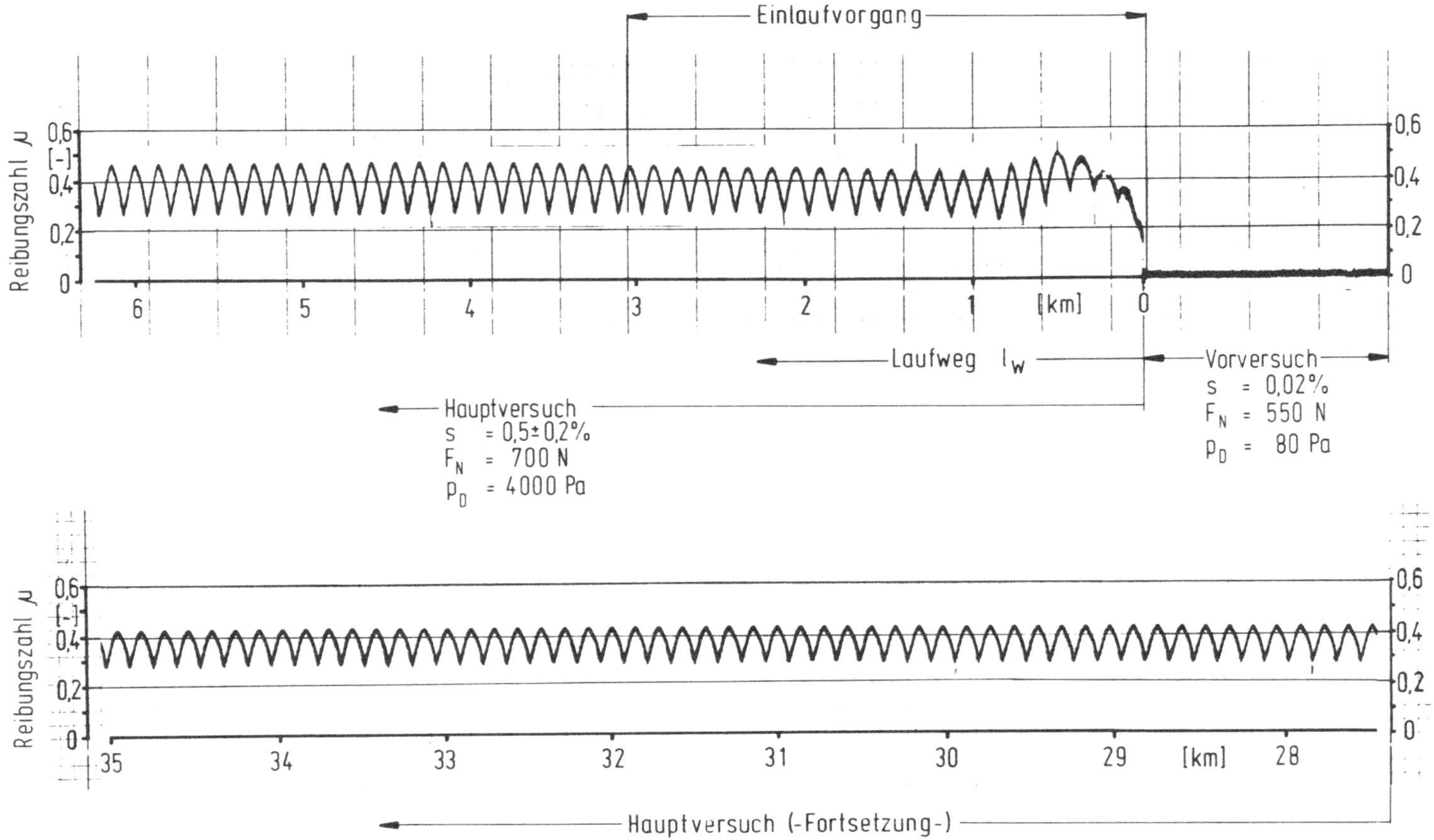

<u>Bild 16:</u> Originalmeßschrieb eines Wälzreibungsversuches mit Angabe der Versuchsbedingungen /54/

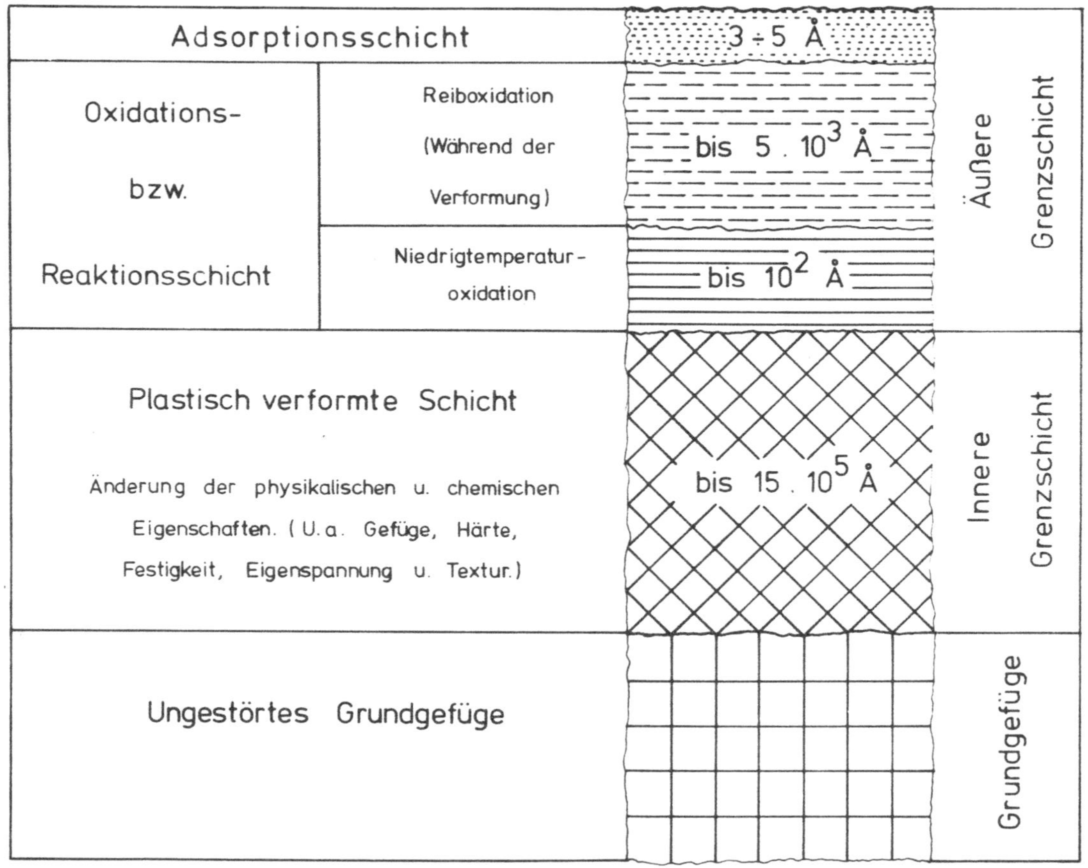

Bild 17: Grenzschichtaufbau metallischer Körper /49/

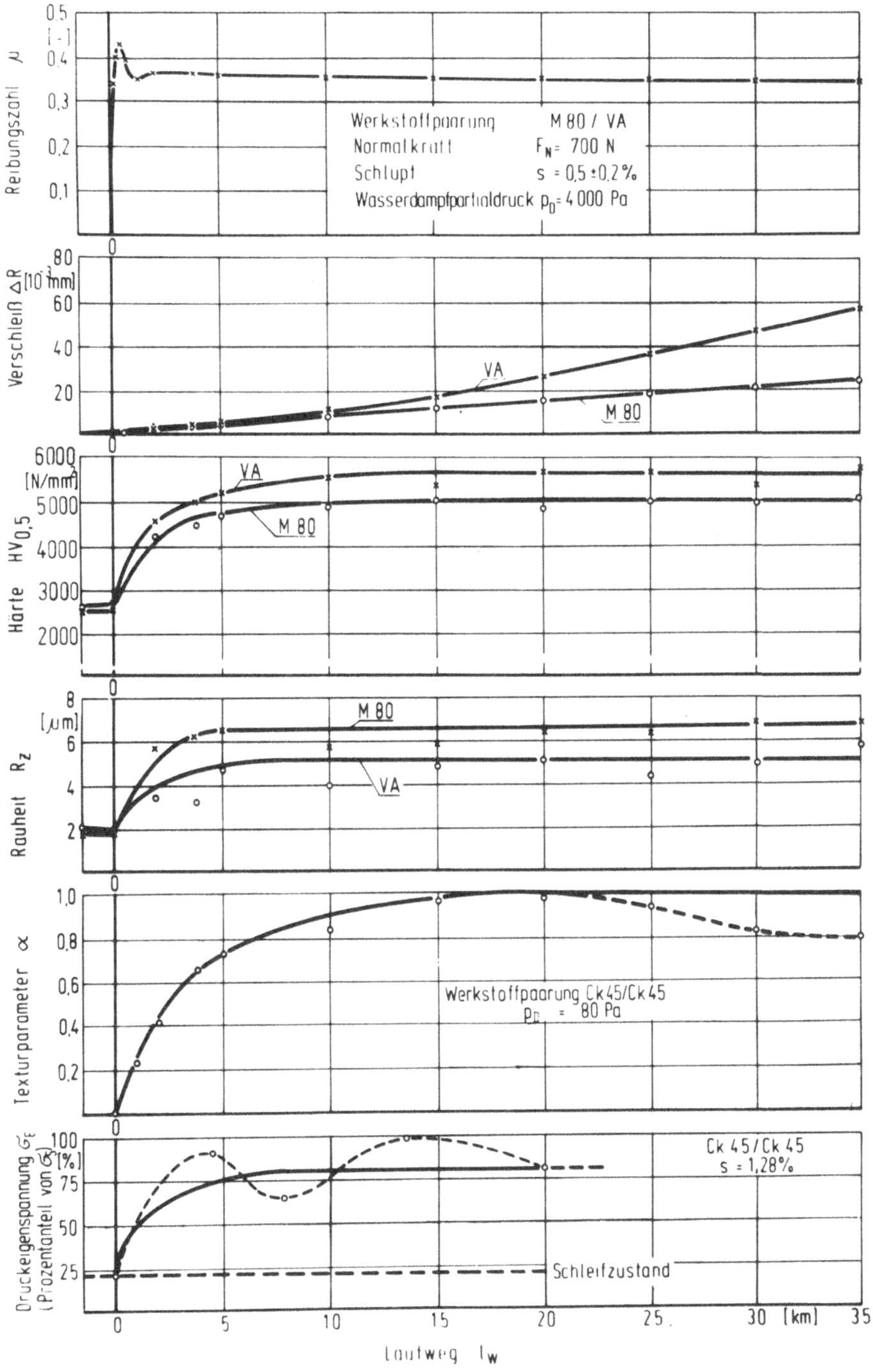

Bild 18: Vorgänge in der Grenzschicht bei Wälzbeanspruchung /54/

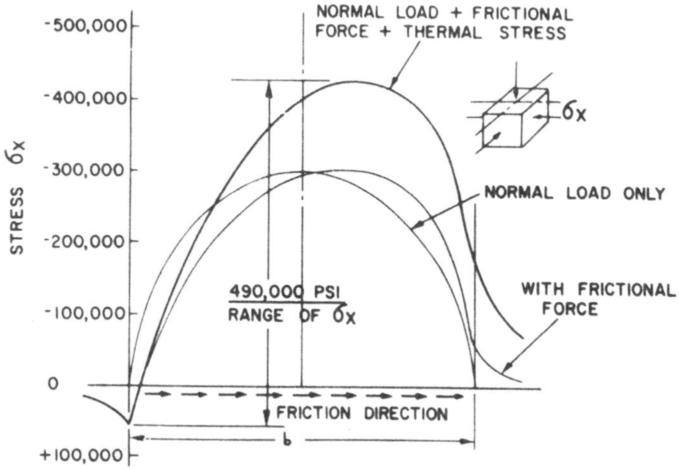

bremsender Prüfkörper = Schiene

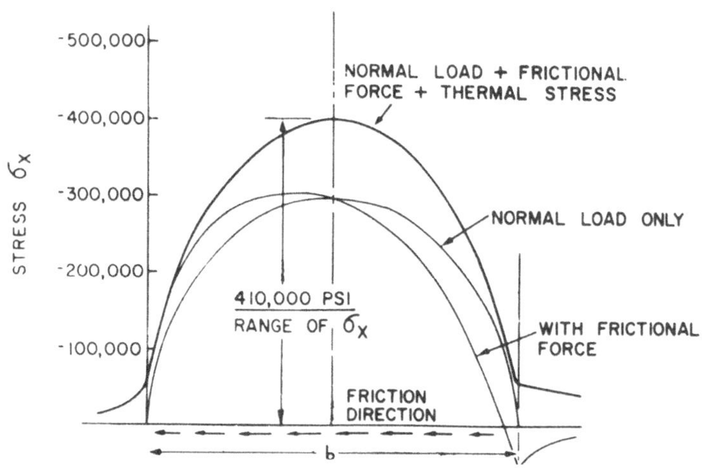

treibender Prüfkörper = Rad

Bild 19: Unterschiedliche Beanspruchung der Prüfkörper /55/

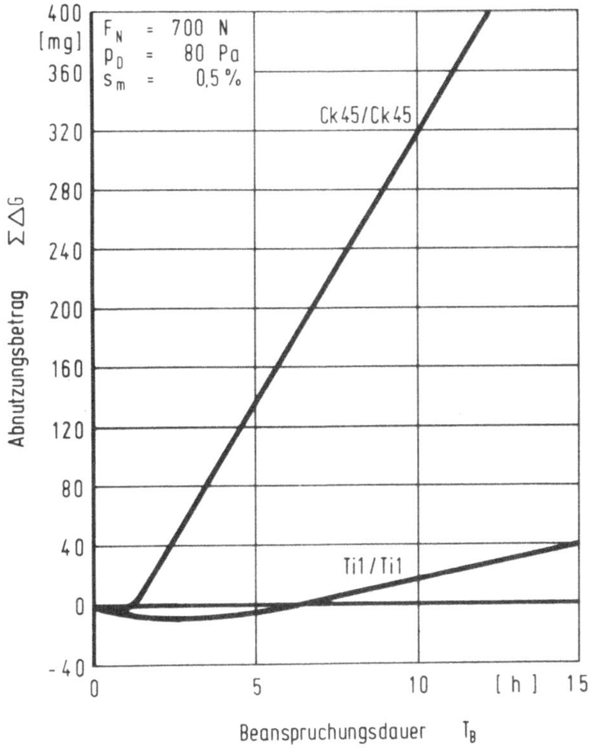

Bild 20: Gegenüberstellung der Abnutzungsbeträge von Ck 45 und Reintitan Ti 1 /21/

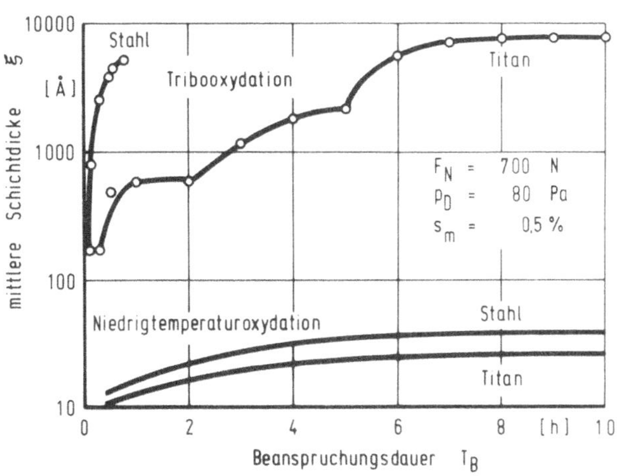

Bild 21: Oxidschichtbildung /57/

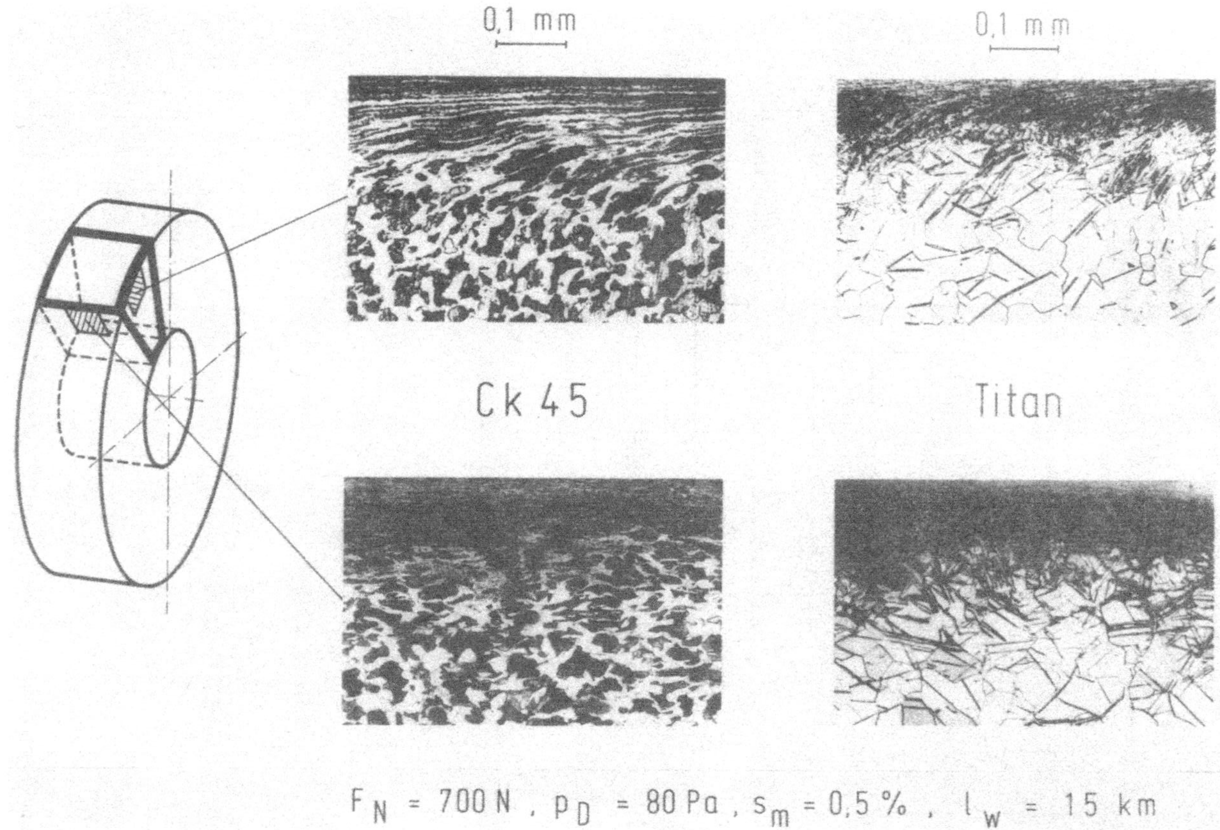

Bild 22: Grenzschichtverformung durch Wälzbeanspruchung

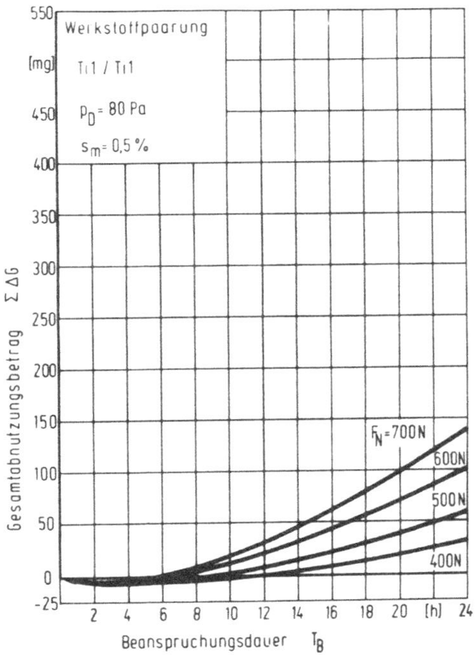

Bild 23

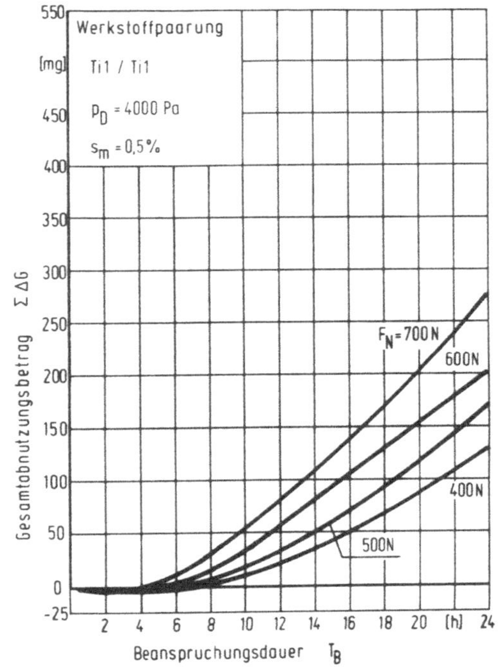

Bild 24

<u>Bild 23 - 24:</u> Gesamtabnutzungsbetrag $\Sigma\Delta G$ als Funktion der Beanspruchungsdauer T_B bei unterschiedlicher Normalkraft F_N

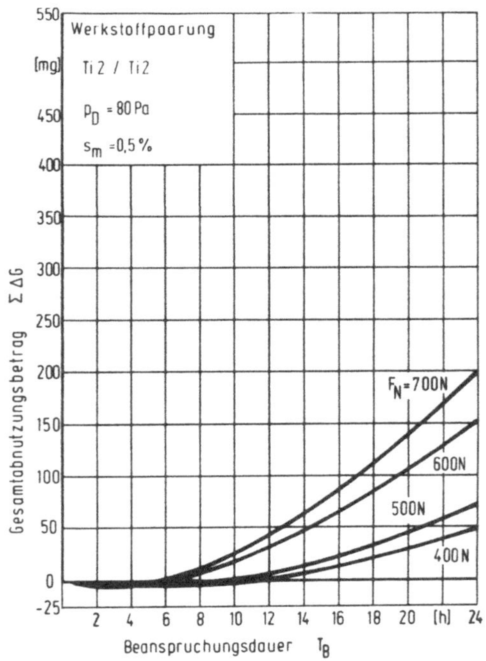

Bild 25

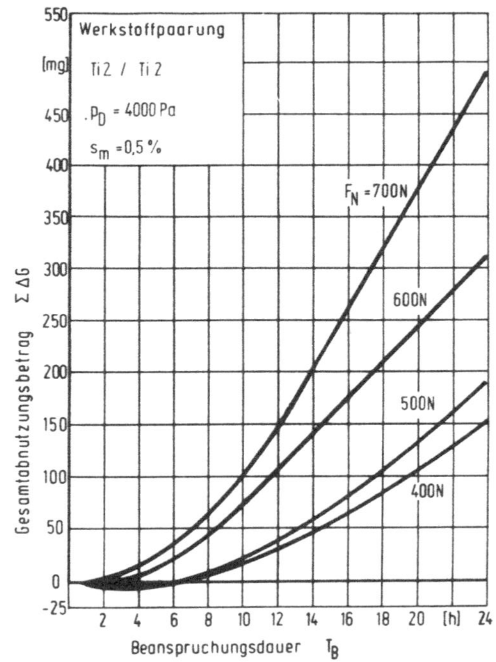

Bild 26

<u>Bild 25 - 26:</u> Gesamtabnutzungsbetrag $\Sigma\Delta G$ als Funktion der Beanspruchungsdauer T_B bei unterschiedlicher Normalkraft F_N

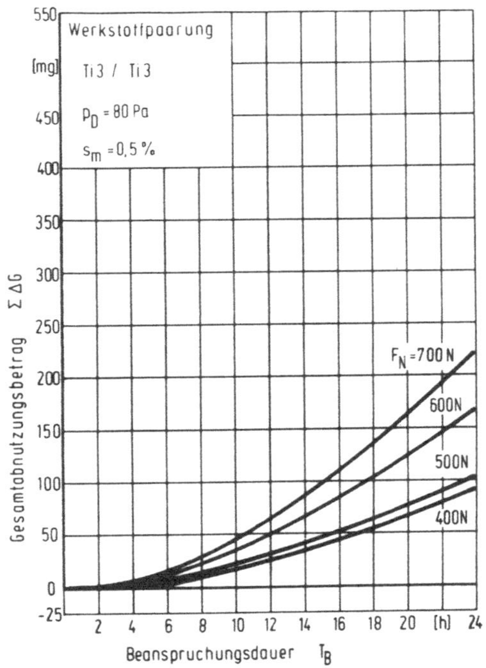

Bild 27

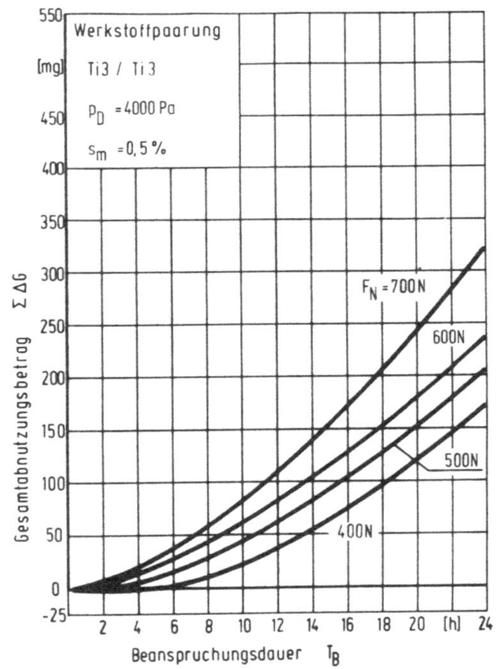

Bild 28

<u>Bild 27 - 28:</u> Gesamtabnutzungsbetrag $\Sigma\Delta G$ als Funktion der Beanspruchungsdauer T_B bei unterschiedlicher Normalkraft F_N

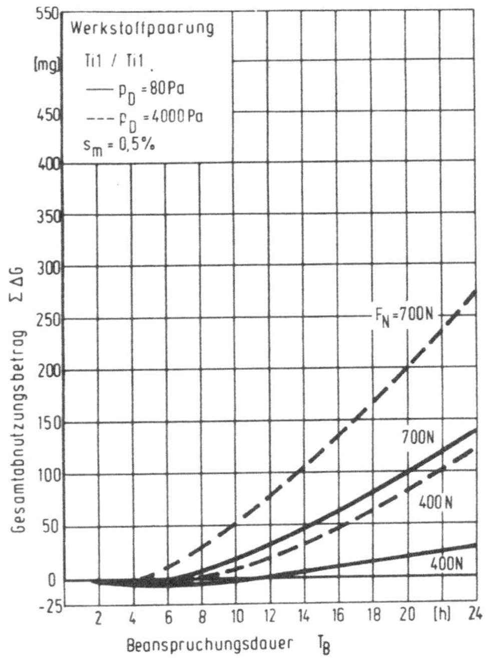

Bild 29

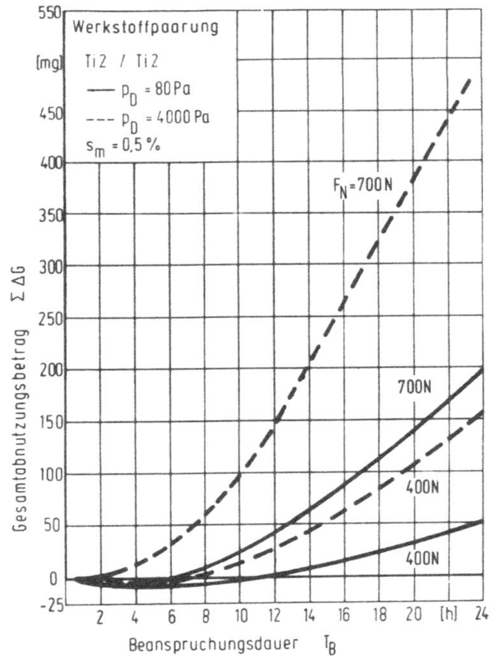

Bild 30

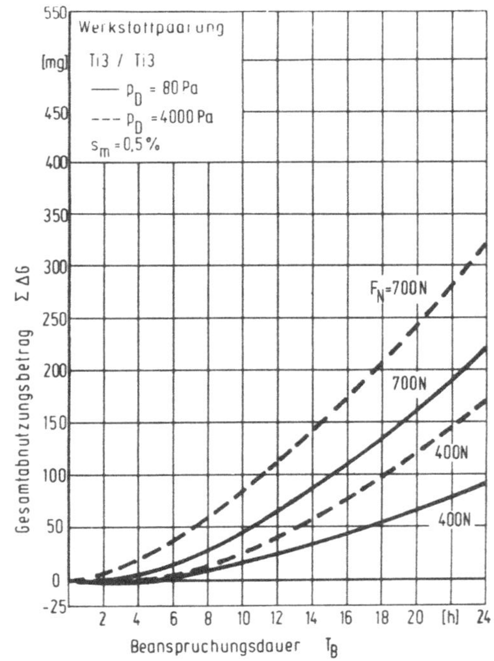

Bild 31

Bild 29 - 31: Gegenüberstellung der Abnutzungsbeträge bei trockener (p_D = 80 Pa) und feuchter (p_D = 4000 Pa) Atmosphäre für Titan-Werkstoffpaarungen

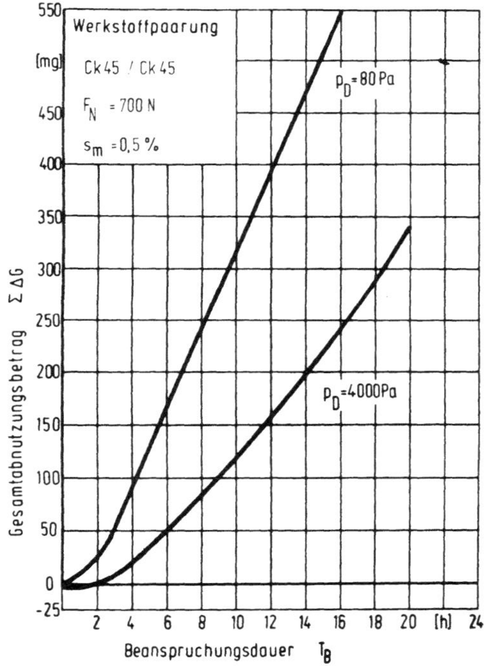

Bild 32

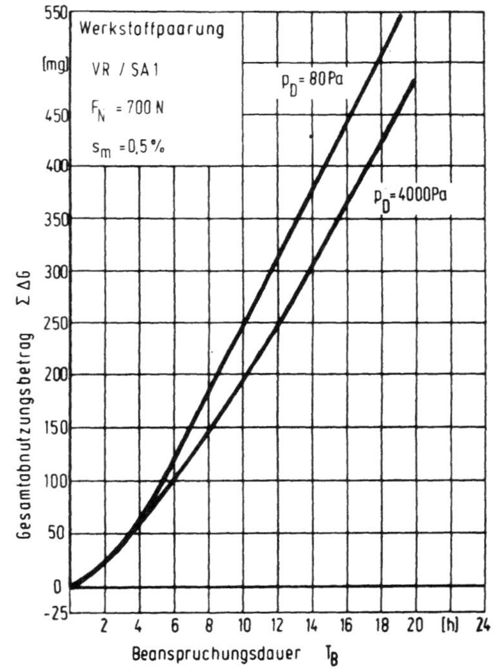

Bild 33

<u>Bild 32 - 33:</u> Gegenüberstellung der Abnutzungsbeträge bei trockener (p_D = 80 Pa) und feuchter (p_D = 4000 Pa) Atmosphäre für die Werkstoffpaarungen der Vergleichsstähle

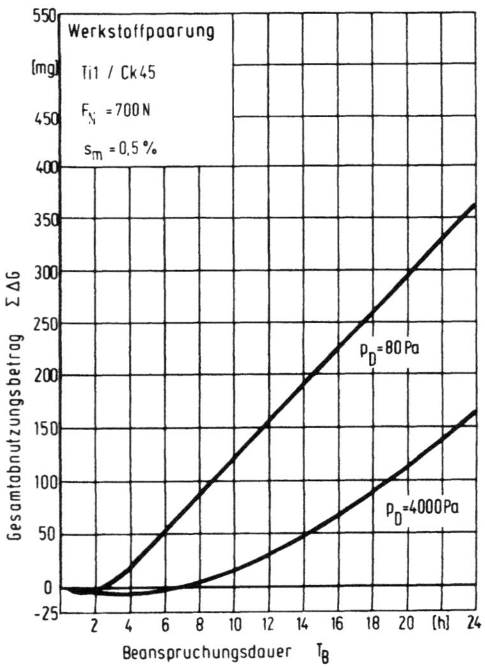

Bild 34

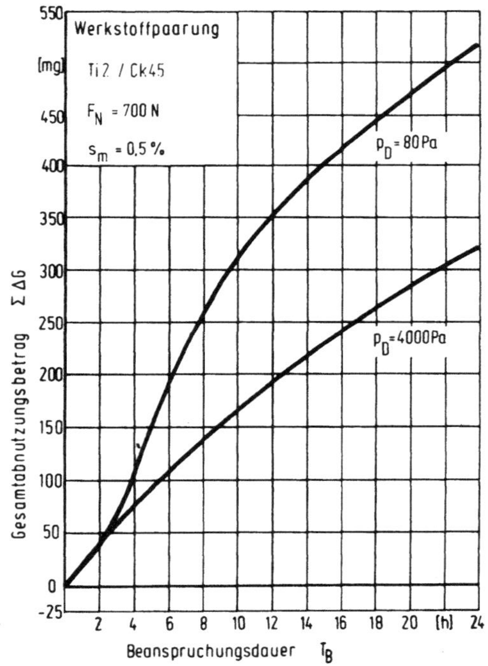

Bild 35

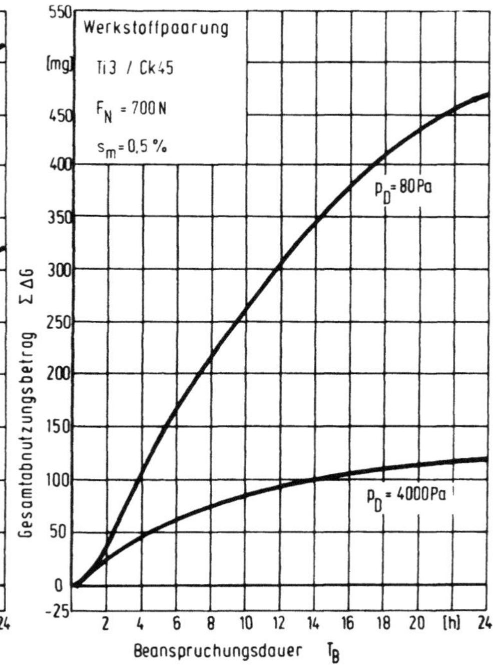

Bild 36

Bild 34 - 36: Gesamtabnutzungsbetrag $\Sigma\Delta G$ als Funktion der Beanspruchungsdauer für gemischte Titan-Stahl Werkstoffpaarungen

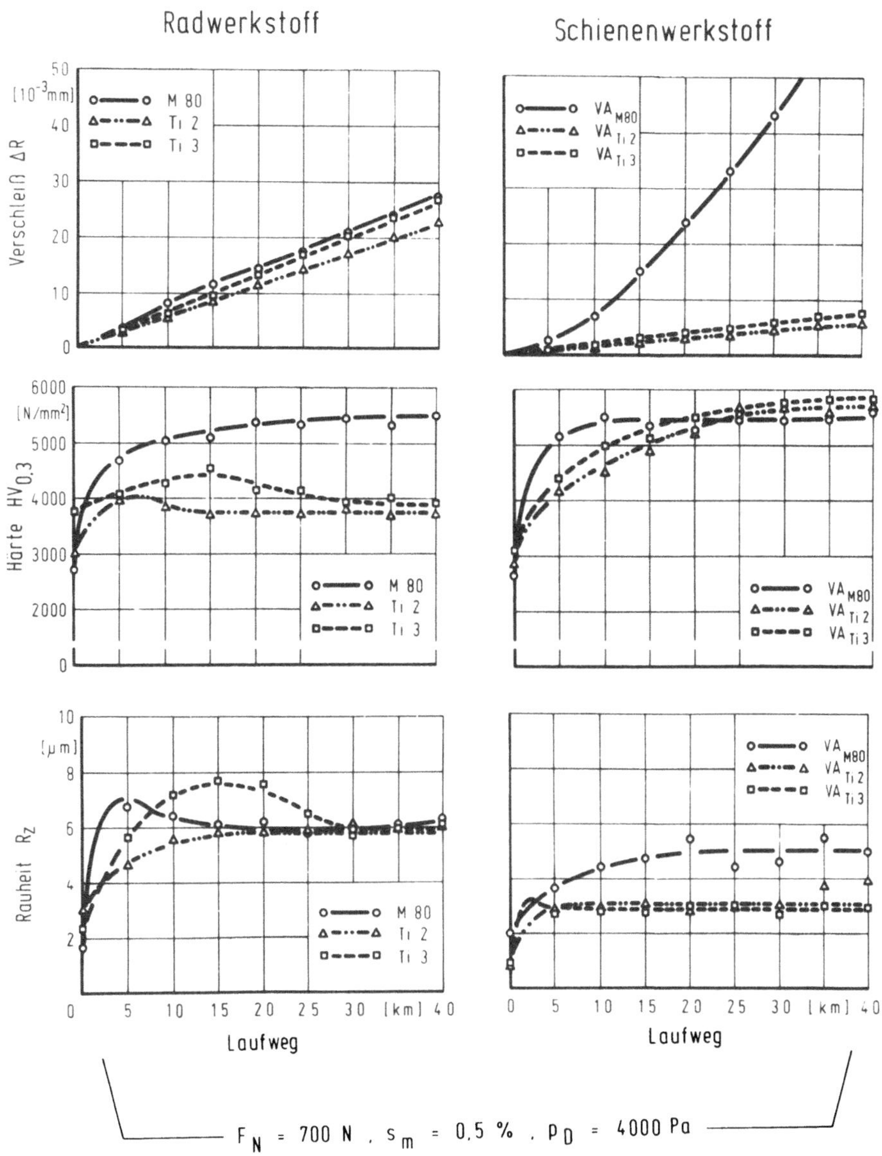

Bild 37: Verschleiß und Grenzschichteigenschaften als Funktion des Laufweges

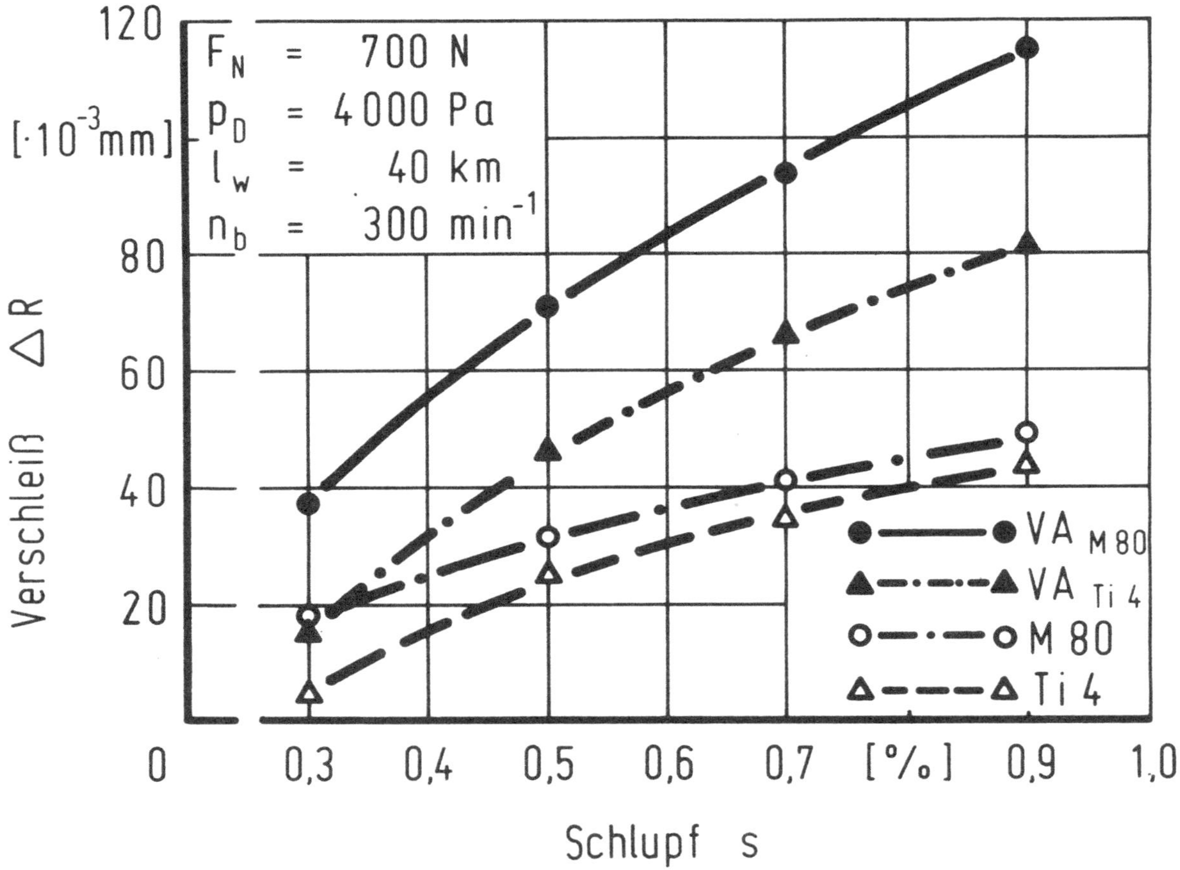

Bild 38: Verschleiß als Funktion des Schlupfes

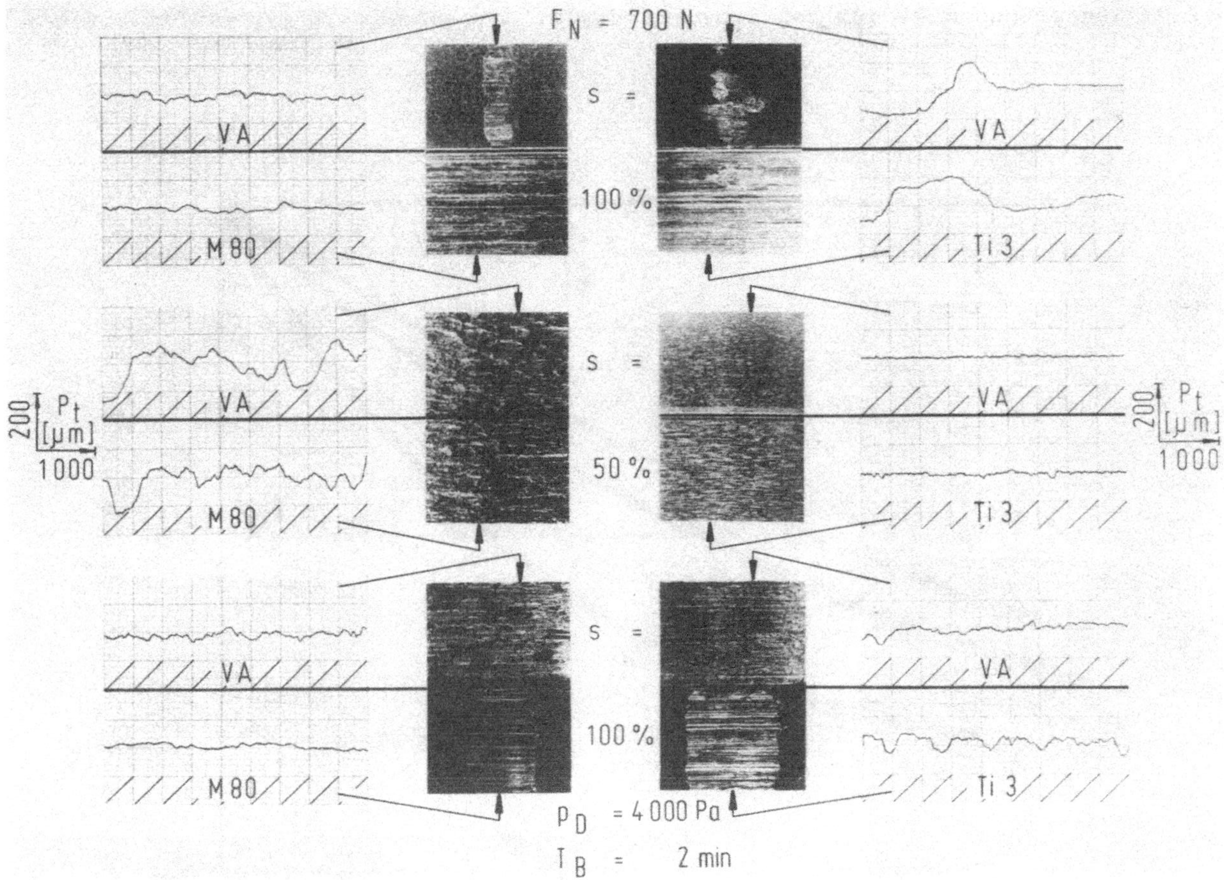

Bild 39: Verschleißflächen bei extremer Beanspruchung

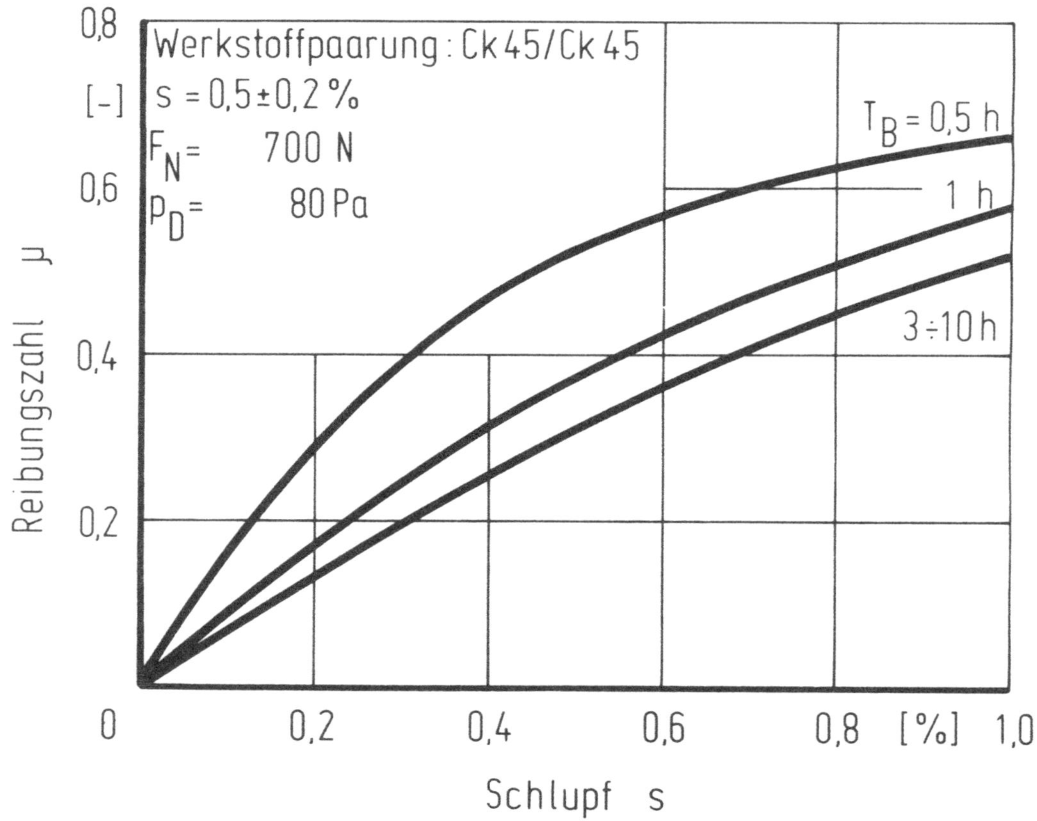

<u>Bild 40:</u> Reibungszahl/Schlupf-Funktion in Abhängigkeit der Beanspruchungsdauer T_B /46/

Bild 41

Werkstoff: Titan
F_N = 700 N
p_D = 80 Pa
s_m = 0,5 %

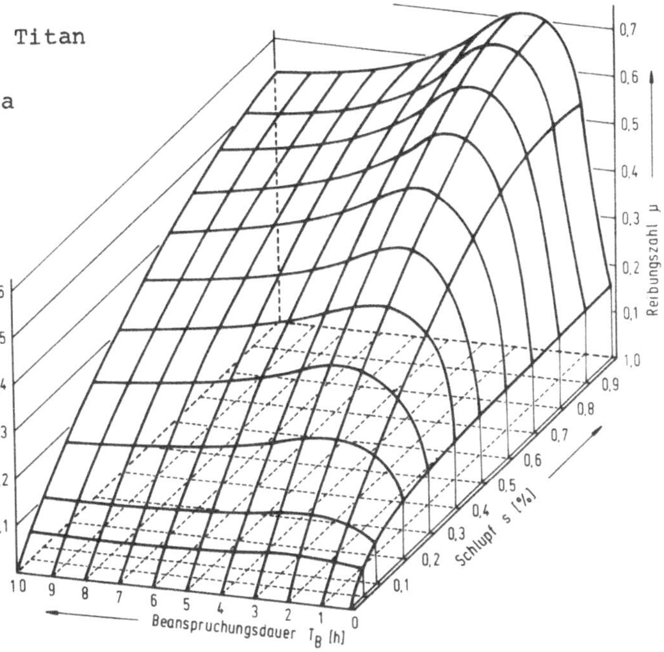

Bild 42

Werkstoff: Titan
F_N = 700 N
p_D = 4000 Pa
s_m = 0,5 %

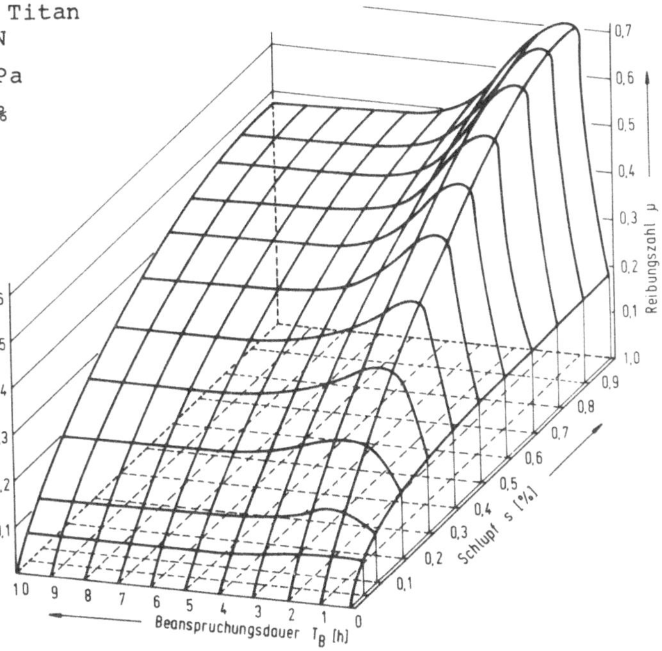

Bild 41 - 42: Reibungszahl-Gebirge in Abhängigkeit von Schlupf s und Beanspruchungsdauer T_B /56/

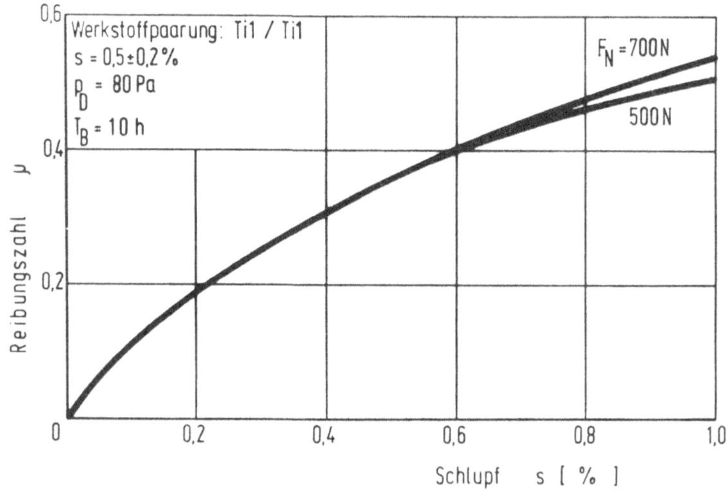

Bild 43: Reibungszahl μ als Funktion des Schlupfes s bei unterschiedlicher Normalkraft F_N

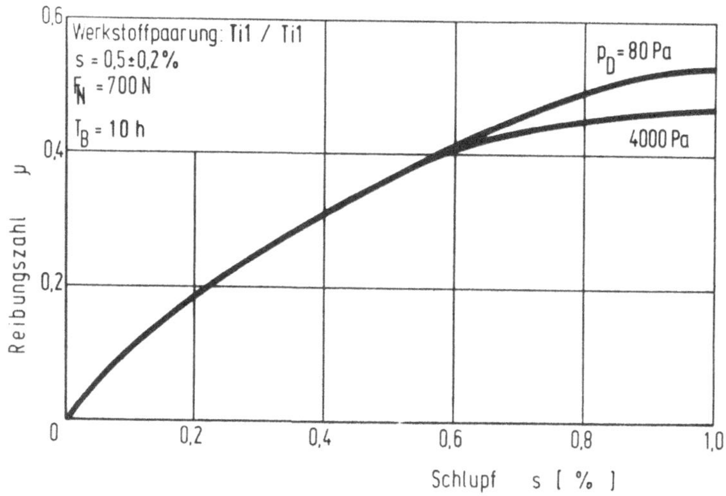

Bild 44: Reibungszahl μ als Funktion des Schlupfes s bei unterschiedlichem Wasserdampfpartialdruck p_D

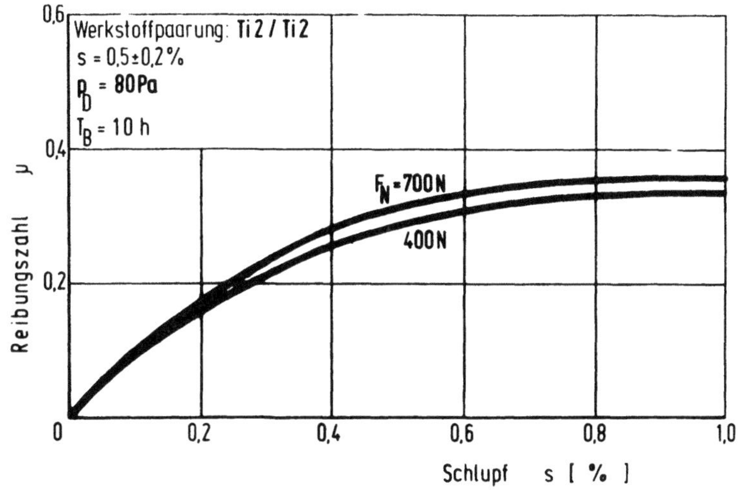

Bild 45: Reibungszahl-Schlupf Funktion bei unterschiedlicher Normalkraft

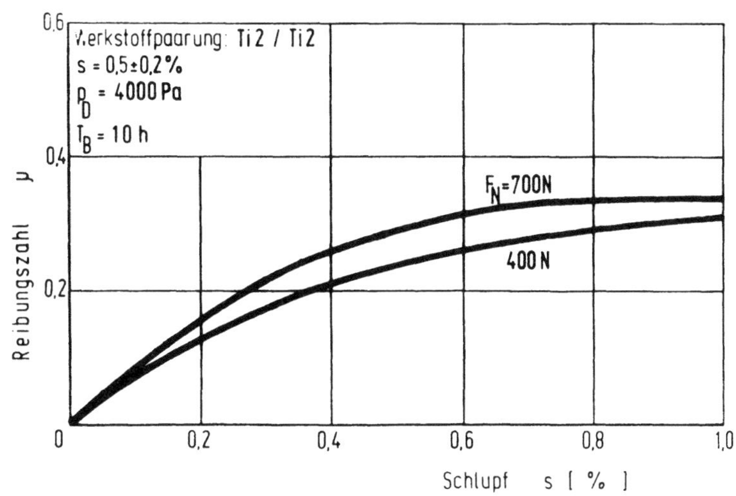

Bild 46: Reibungszahl-Schlupf Funktion bei unterschiedlicher Normalkraft

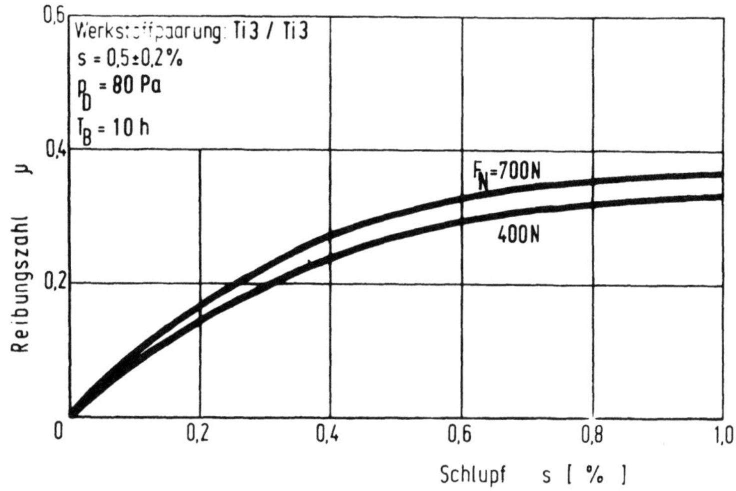

Bild 47: Reibungszahl-Schlupf Funktion bei unterschiedlicher Normalkraft

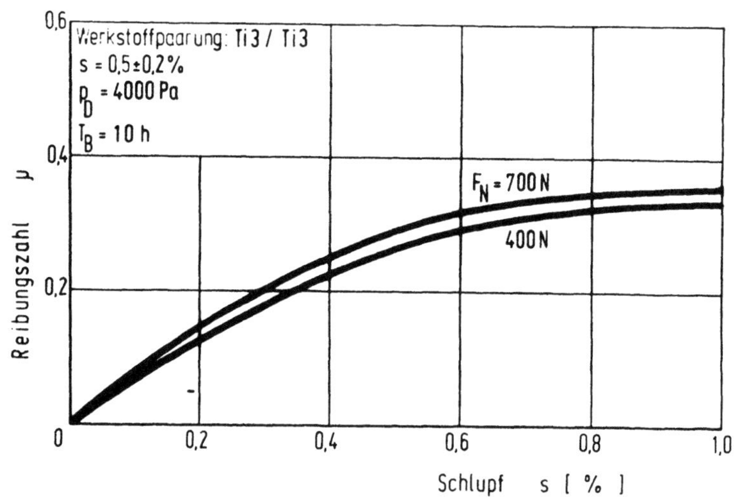

Bild 48: Reibungszahl-Schlupf Funktion bei unterschiedlicher Normalkraft

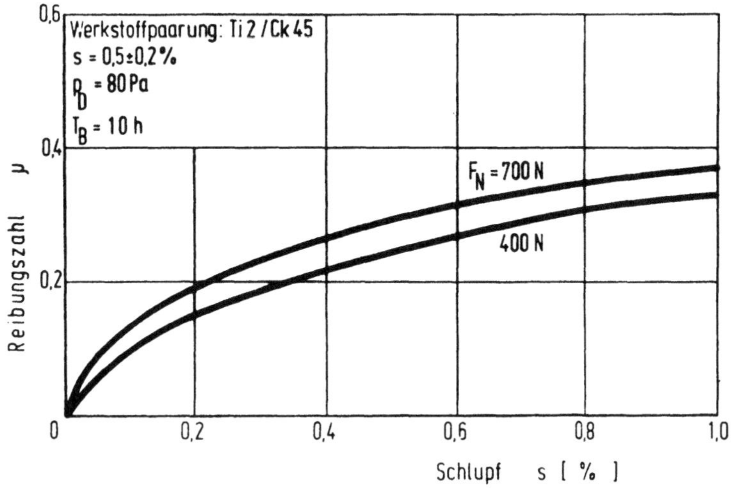

Bild 49: Reibungszahl-Schlupf Funktion bei unterschiedlicher Normalkraft

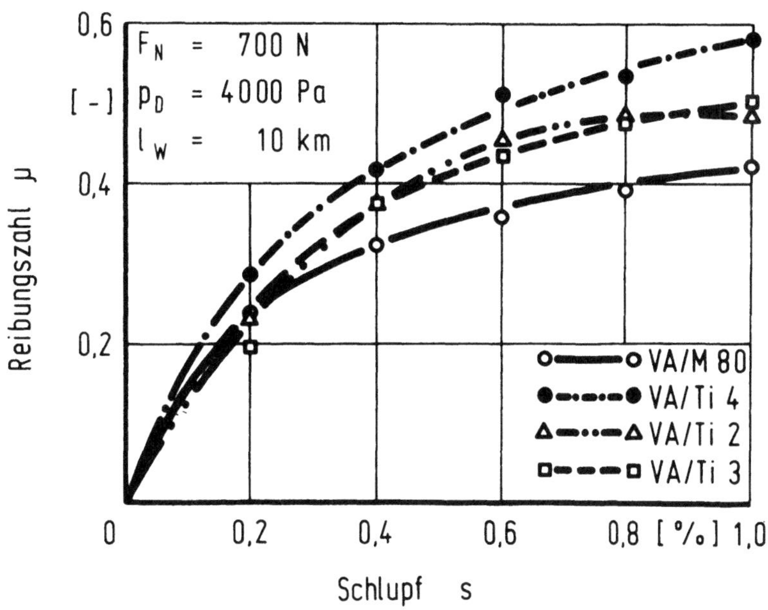

Bild 50: Reibungszahl als Funktion des Schlupfes

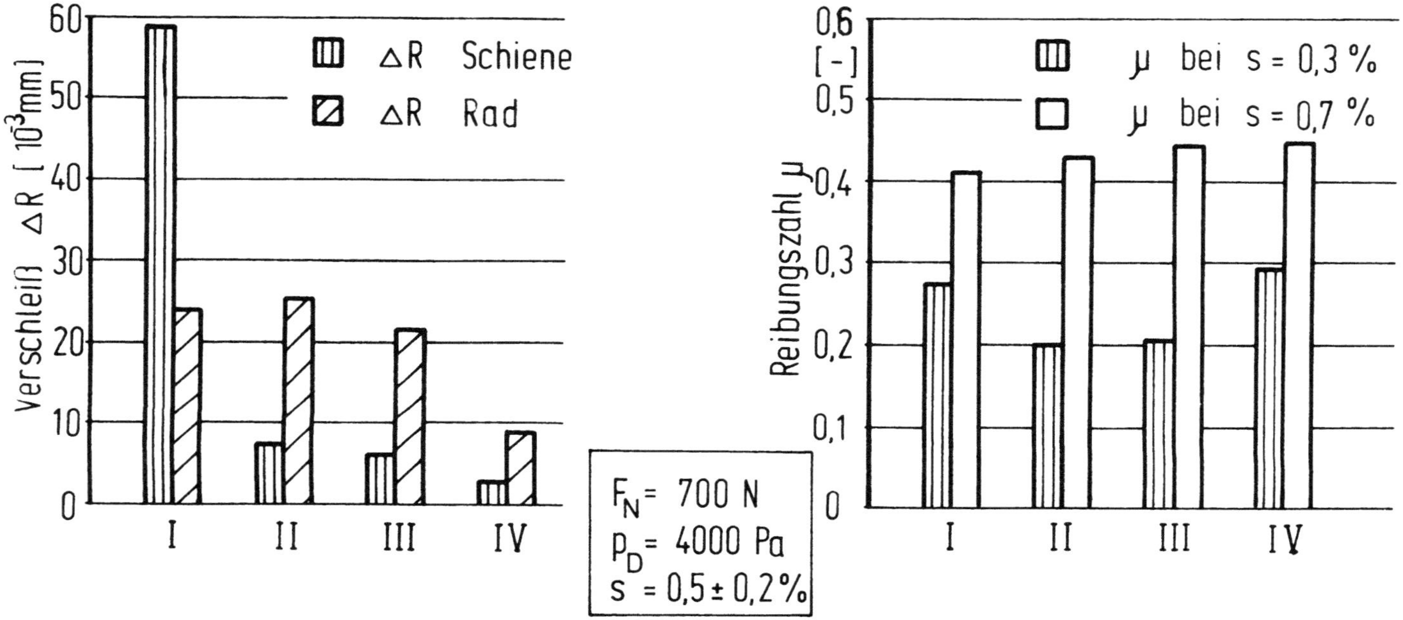

	I		II		III		IV	
	R	S	R	S	R	S	R	S
Werkstoff	M80	VA	Titan 3	VA	Titan 2	VA	T3	VA
Zugfestigkeit [N/mm²]	800	900	900	900	800	900	900	900

Bild 51: Vergleich von Verschleiß und Reibungszahl der Stahl/Stahl-Paarungen sowie der Titan/Stahl-Paarungen nach einem Laufweg von 35 km /54/

GPSR Compliance

The European Union's (EU) General Product Safety Regulation (GPSR) is a set of rules that requires consumer products to be safe and our obligations to ensure this.

If you have any concerns about our products, you can contact us on ProductSafety@springernature.com

In case Publisher is established outside the EU, the EU authorized representative is:

Springer Nature Customer Service Center GmbH
Europaplatz 3
69115 Heidelberg, Germany

Batch number: 10584556

Printed by Printforce, the Netherlands